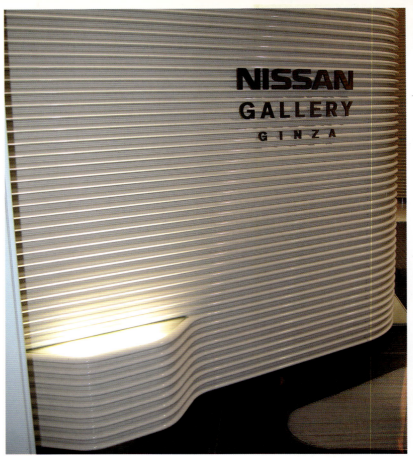

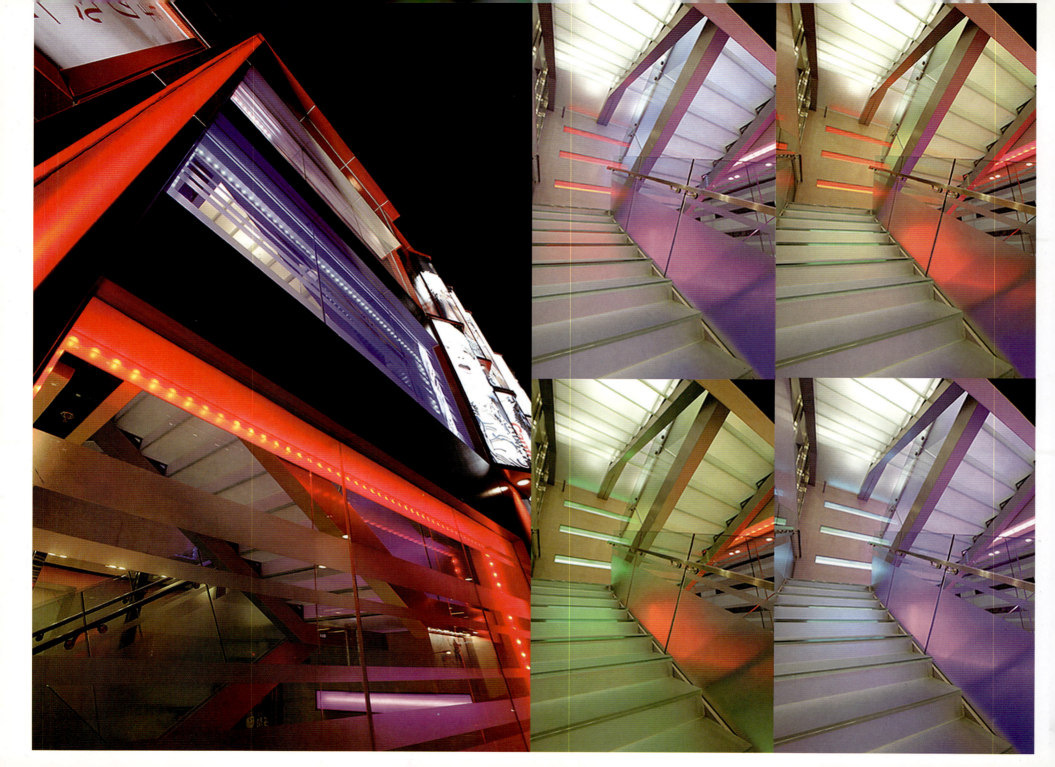

公共建筑装饰设计实例图集
3（上）

东华大学环境艺术设计研究院

鲍诗度　王淮梁　李学义　主编

中国建筑工业出版社

主 编：鲍诗度　王淮梁　李学义
编 委：徐　莹　杨　敏　贺　梦　章小平　杨凤菊
　　　　李　成　韩　琛　唐先全

前　言

　　中国现代室内装饰设计事业这些年来发展迅速，中国室内装饰从最初的设计稚嫩、片面，越来越趋向成熟、完善。经验知识的积累和市场成熟的需求，境内外著名设计机构和设计师积极参与，使得中国室内装饰设计规则、程式、方法等日臻成熟。

　　室内装饰设计相对于一般建筑设计等所涉及内容面广，细部设计丰富多样，图纸绘制较为复杂。图纸深度不同，施工的结果也就不同。细部设计到何等程度，也能反映设计师对设计及施工工艺的了解程度。今天室内装饰设计市场对在细部方面要求是高的，但是，设计师在设计中交代不够详细，图纸设计过于简单，材料构造注明不清楚，细部设计不到位等等，都是普遍存在的。这些问题的存在有多个方面的原因，不熟悉细部设计，对构造不了解，没有这方面意识等。如何把握设计深度，其重要性对设计师来说是不言而喻的。

　　笔者与其团队在参与了大量的工程实例同时，收集和整理了大量国内外优秀设计机构和设计师丰富的室内装饰设计施工图，从中加以认真剖析与研究。在这些细部设计中，可以看到当今室内装饰设计的新意和亮点，及高素质设计师的水平。

　　本图集汇编了国内外优秀设计团队有关酒店空间和办公空间的多种室内设计做法，基本涵盖了现代室内装饰设计中的各个节点和构造细部。读者不仅可以从本图集中借鉴优秀设计的方法和成果，更能够开阔读者的眼界和思路，对设计师和设计机构的应用和学习是十分有益的。

　　参与编著人员还有：王淮梁、李学义、徐莹、贺梦、杨敏、杨凤菊、李成、章小平、韩琛、唐先全。

鲍诗度

东华大学环境艺术设计研究院

2007 年 9 月

目 录

室内空间（上）

第一章：酒店空间

1. 大堂 5
2. 公共走廊 32
3. 电梯厅 45
4. 餐厅 54
   中式餐厅 54
   日式餐厅 60
   西餐厅 89
   餐厅包房 94
5. 宴会厅 97
6. 游泳池 104
7. 客房 123
8. 酒店公寓 139
9. 服务台 152
10. 楼梯 159

第二章：办公空间

1 办公楼大厅 170

2 办公室 200

3 会议室 211

室内空间（下）

第三章：休闲娱乐空间

1 咖啡厅 5

2 酒吧 25

3 会所 44

4 服务区（一） 67

5 服务区（二） 72

6 洗浴中心 83

第四章：公共卫生间

1 酒店公共卫生间 104

2 办公区公共卫生间 107

3 服务区公共卫生间 115

第五章：居住空间

1	客厅	123
2	餐厅	150
3	卧室	154
4	书房	164
5	儿童房	168
6	厨卫	175

酒店空间 第一章

　　现代宾馆酒店的空间主要是由公共空间、私用空间和过渡空间组成。公共空间是顾客、服务人员聚散的活动区，包括门厅、接待厅、休息厅、中庭、餐厅、商店、酒吧、卫生间、健身娱乐场所等。私用空间是指人们单独使用的空间，如客房等。过渡空间是指连接公共空间与私用空间的过道、楼梯等。

一、顶部装饰与构造设计

尽管人们对现代宾馆酒店装饰设计的要求各有不同，但人们共同点是喜欢通透开敞的空间，喜欢相对独立的小环境。美国建筑师波特曼创造"共享空间"以后，引起了现代酒店设计的一场革命。超大尺度的多层共享大厅（大堂），使空间丰富生动，让顾客得到物质和精神的双重享受。设计师在酒店大堂、餐厅、客房等空间环境设计时，必须掌握好顶部不同类型的顶棚饰面和内部构造关系，合理地组织空间，才能设计出理想的酒店空间环境。

1. 顶棚装饰的分类

按顶棚外观的不同可分为平滑式顶棚、井格式顶棚、悬浮式顶棚、分层式顶棚、透光式顶棚等。

2. 顶棚构造设计

酒店空间顶棚的处理不仅要考虑室内装饰效果和艺术风格的要求，而且要考虑室内使用功能对建筑空间的技术要求。设计师要协调好空间的具体尺寸，把握好顶棚内部空间的尺寸，预留出风、水、电等设备安装的空间，同时又要保证顶棚到地面适宜的高度。

酒店大门入口处是人流进出的集散场所，它的顶棚空间及装饰效果会极大地影响人们对该酒店建筑和空间的第一印象。在造型设计上多采用跌级错落的手法，求得空间的丰富变化；在构造材料的选择上，多以轻钢龙骨石膏板表现为主，表面多选用涂料、金银箔等饰面材料进行装饰处理；在灯具的选择上，多选用高雅、华丽的装饰吊灯，用以增加酒店的豪华气氛。

大堂等公共空间的顶棚设计要根据其空间特点，巧妙地调整局部顶棚的高度，构成不同形状、不同层次的小空间，并利用错层来设计灯槽、风口等设施。

客房等层高较低的空间一般顶部不做过多的装饰设计，内部构造简单，构造层厚度小，饰面材料多选用涂料、壁纸等，这样可以充分利用空间。

二、墙面的装饰设计

1. 酒店空间墙面装饰特点分析

宾馆酒店是人流进出频繁场所，大堂兼有接待和窗口展示作用，因此装饰要求做工精巧细腻、格调高雅、色调和谐，以营造恢宏气派又温馨亲和的环境氛围，装饰效果亦应与之匹配，凸显简练、高贵、流畅的现代气质。

酒店公共空间的墙面装饰设计一方面要注意表面平整、光滑，便于清扫和保持卫生；另一方面要注重墙体的声学功能，如反射声波、吸声、隔声等。设计师要根据不同材料所具有的反射声波及吸声的性能，以及不同结构的造型来控制、改善室内环境的音质。

2. 酒店墙面装饰的基本构造

酒店墙面装饰设计常选用贴面类的饰面材料及构造，贴面类饰面坚固耐用、色泽稳定且装饰效果丰富。由于材料形状、重量和适用部位的不同，因而它们的构造也各有差异，体积小且质轻的块材可直接镶贴，体积大而厚的块材则必须采用贴挂的方式，以保证它们与墙体结构连接的牢固。

（1）宾馆酒店的大堂、走廊等公共区域，在装饰设计中要在注重装饰效果的同时，保证墙体饰面的安全、牢靠，并方便今后的维护和保养。在设计上多选择大尺寸的天然石材进行干挂处理，其工效和装饰质量均能取得明显的效果，特别需注意的是装饰界面的交接收口处要平滑流畅，以便清洁维护。

（2）宾馆餐厅、客房等接待用房设计，装饰材料的健康与环保要求显得尤其重要，设计师对装饰材料的设计及选用必须严格执行《民用建筑工程室内环境污染控制规范》（GB 503325—2001）等强制性标准。

（3）大宴会厅、会议室、健身房、客房的墙体饰面常选用柔软、保温且具有吸声、减振的材料，软包饰面材料有天然皮革、人造革、纺织布等。软包饰面的设计应做到软包基层板不要直接和墙面接触，要保留一定的空间，基础墙面应做防潮处理。

（4）酒店空间的轻质隔墙的设计要注意合理地选用适当的材料，其内部构造的轻质、牢固是设计师必须注意的，内部多填充离心玻璃棉隔声材料，以保证酒店各空间环境的优雅、舒适。

三、地面的铺装设计

酒店楼地面的构造设计要结合地面找平、防水、防潮、隔声、管线敷设等功能上的要求，处理好基层与面层之间的构造关系。

酒店楼地面饰面材料的种类很多，我们应从不同空间的使用功能上来合理地选择材料，如大堂、走廊等区域，使用频繁、人流密集，可选用天然石材进行装饰设计。天然石材不仅具有自然美观的外表，且牢固、耐用，便于清洗。客房、局部走道则铺设地毯以获取柔软、舒适、温暖而富有弹性的脚感。游泳池、洗手间、厨房的使用功能决定了地面必须做防水处理，防水层应沿房间四周墙壁上卷埋入墙体构造层中，上卷高度不少于100～150mm。

图纸部分

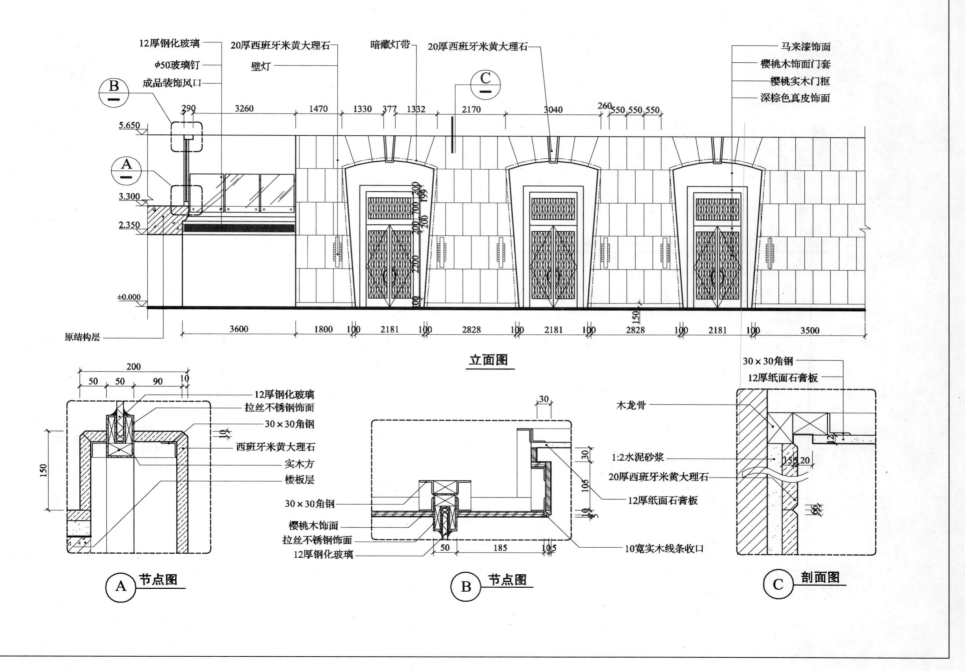

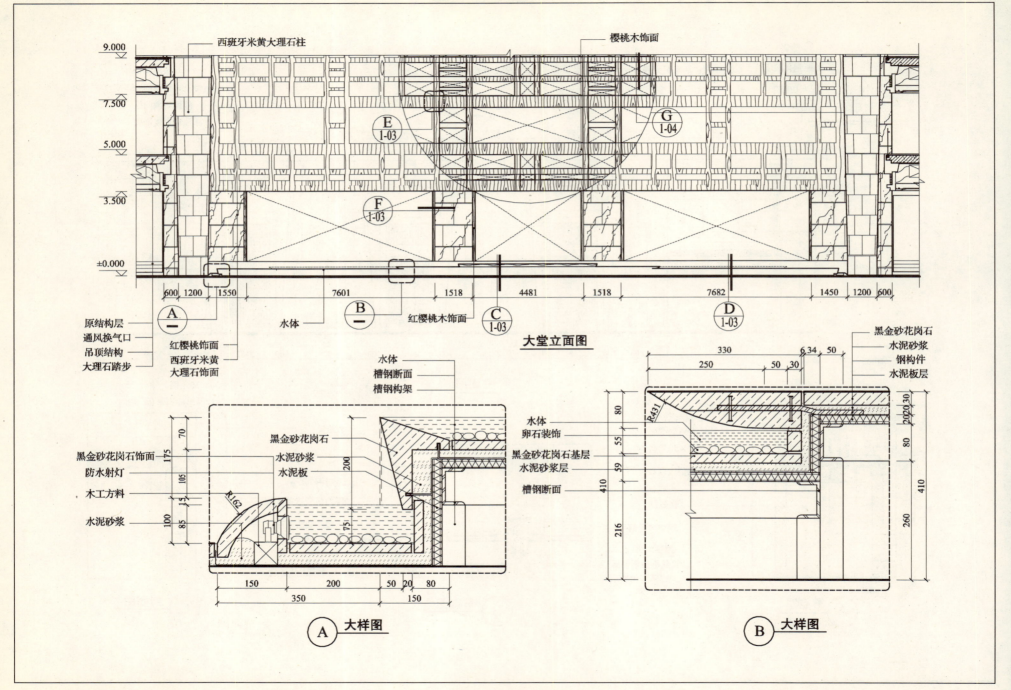

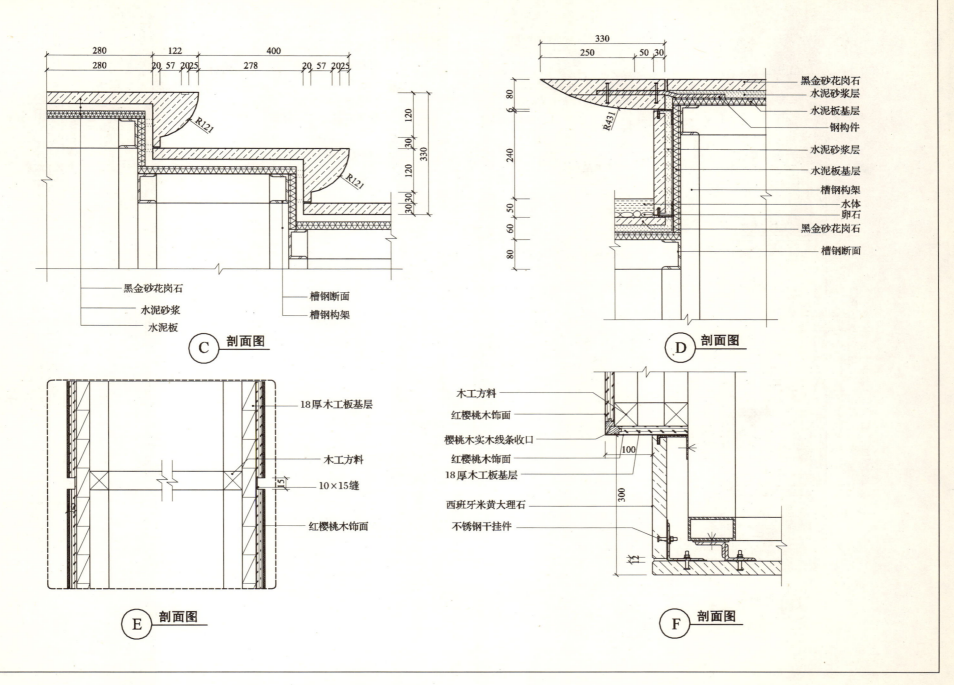

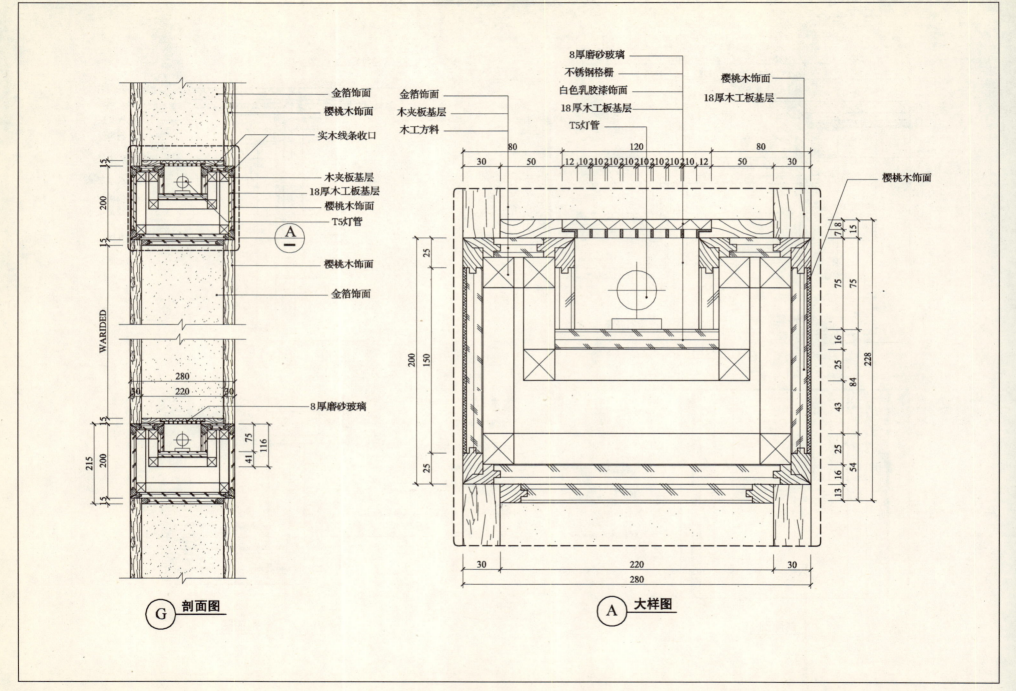

一 酒店空间 1 大堂

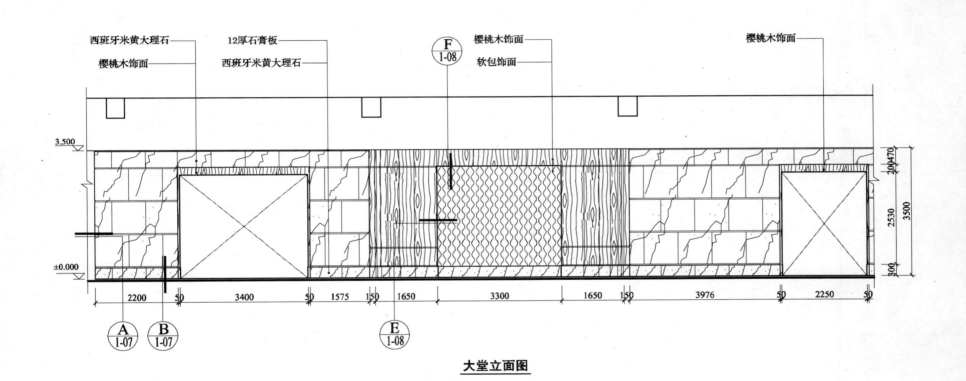

大堂立面图

酒店空间 1 大堂

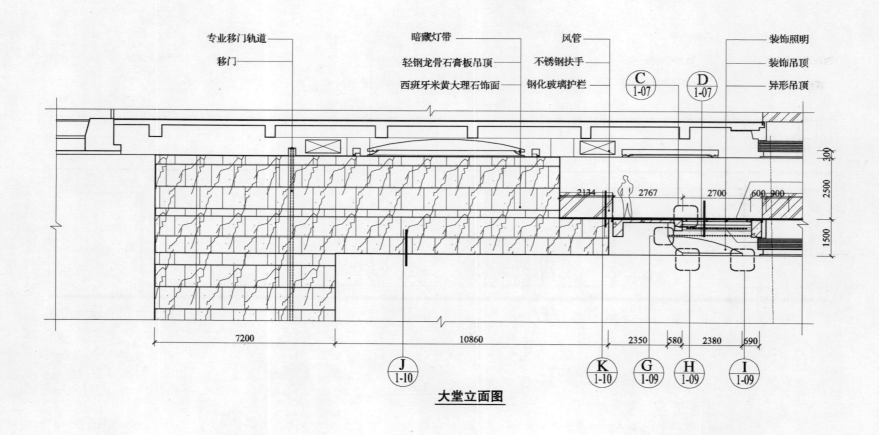

大堂立面图

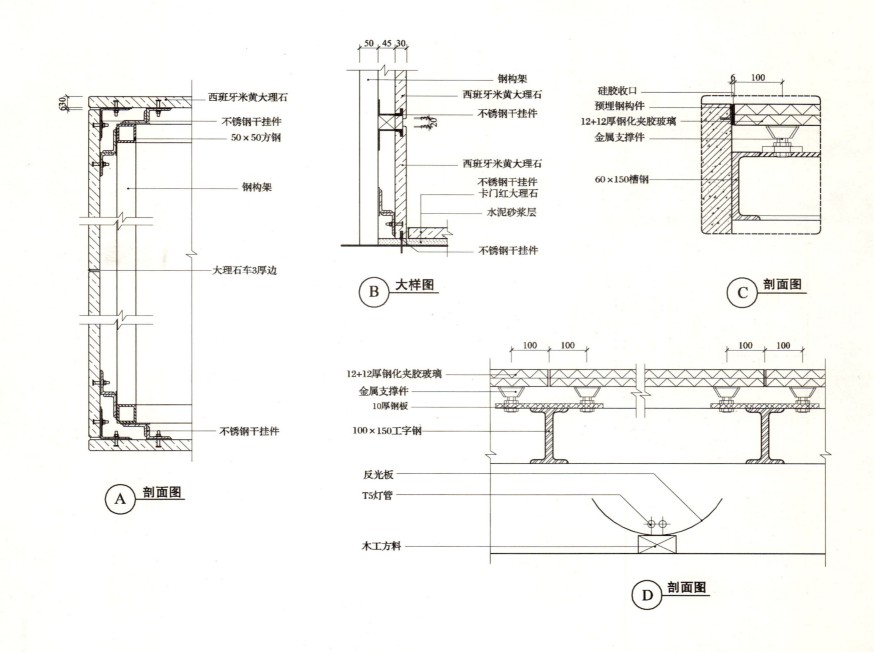

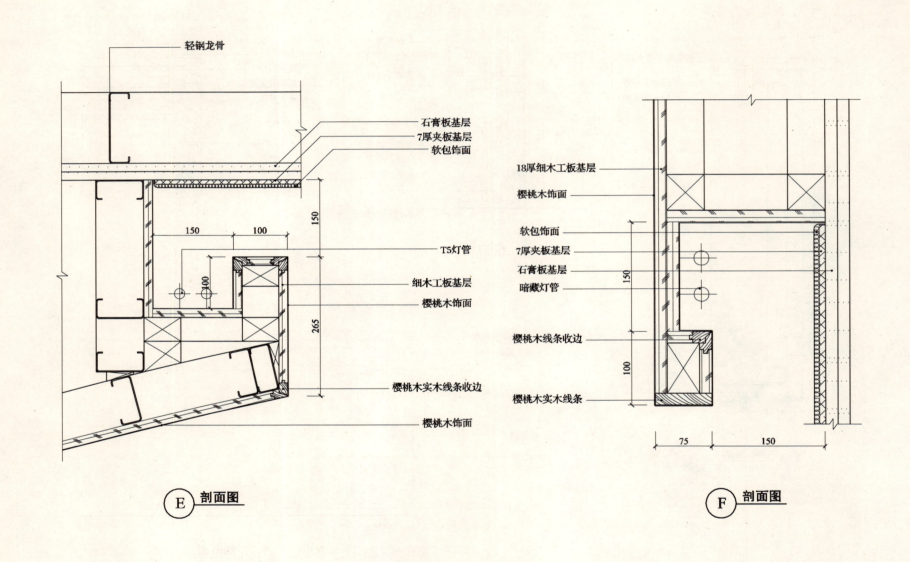

一 酒店空间 1 大堂

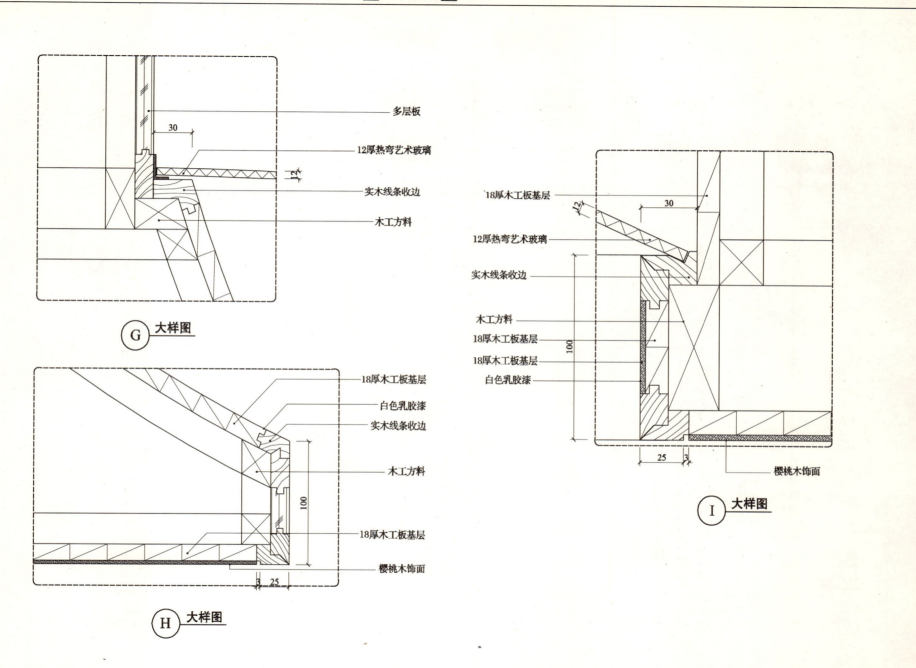

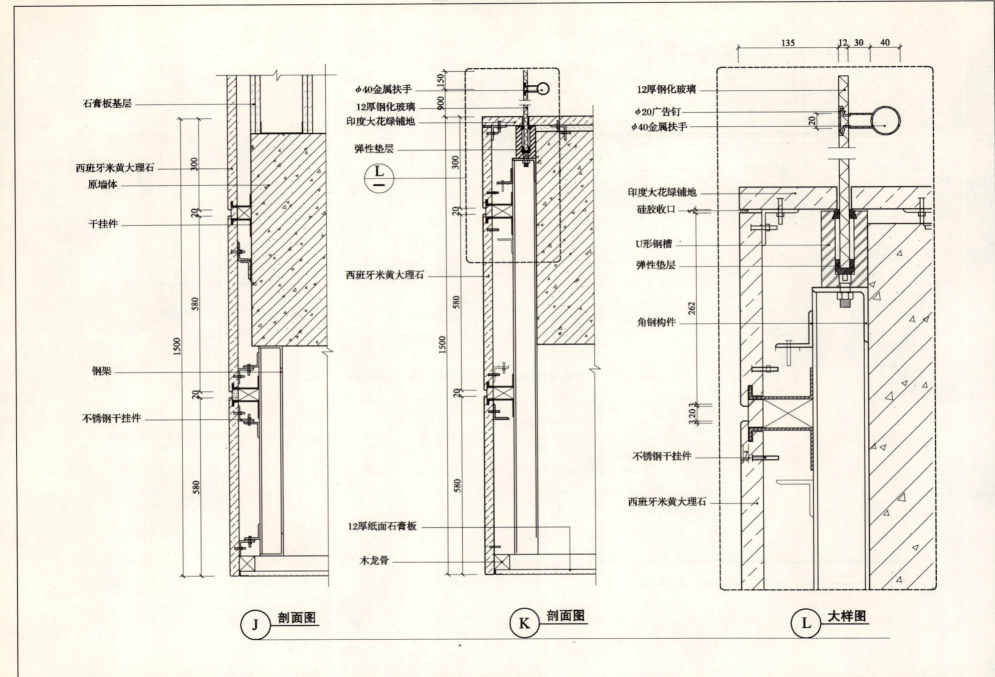

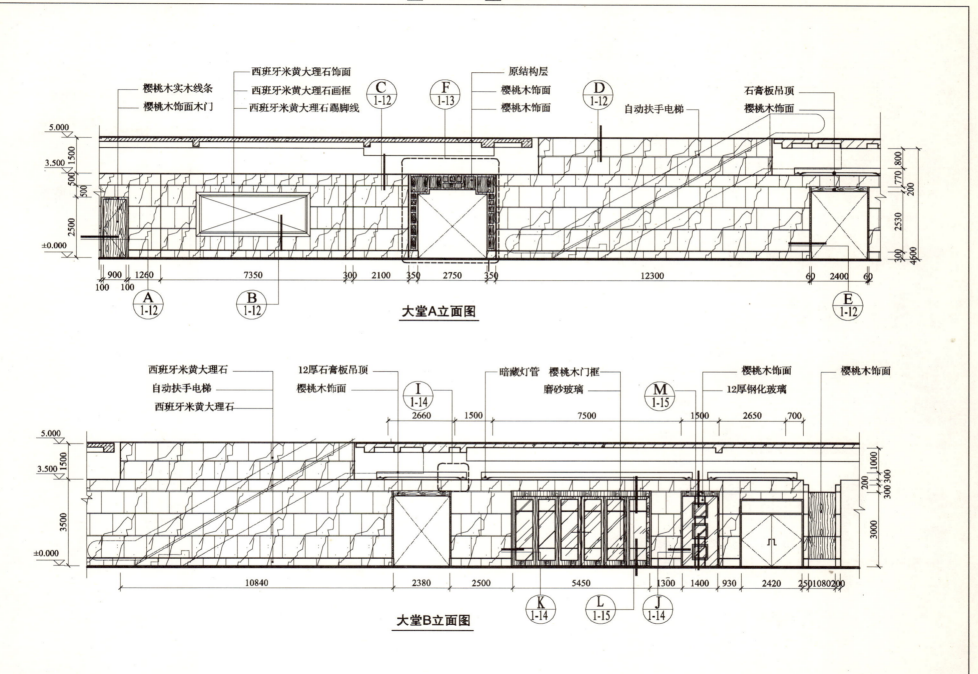

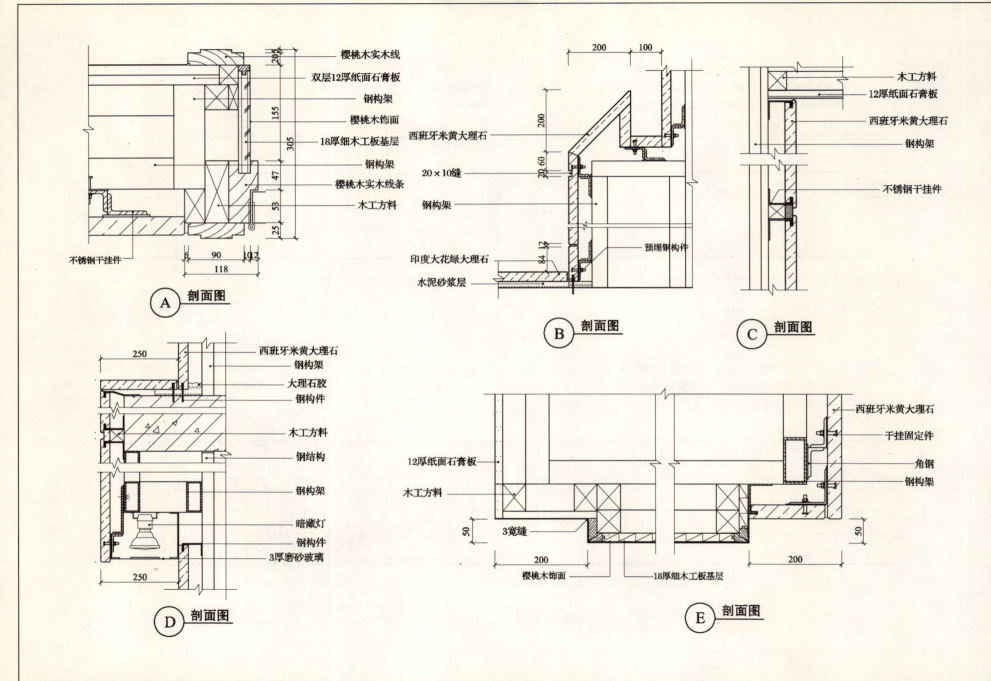

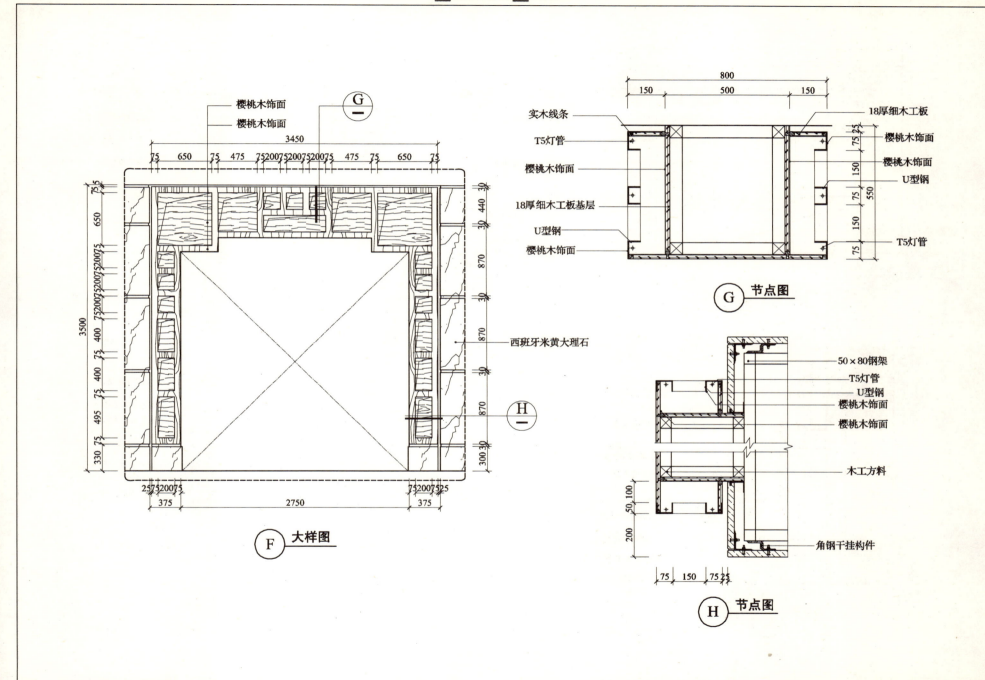

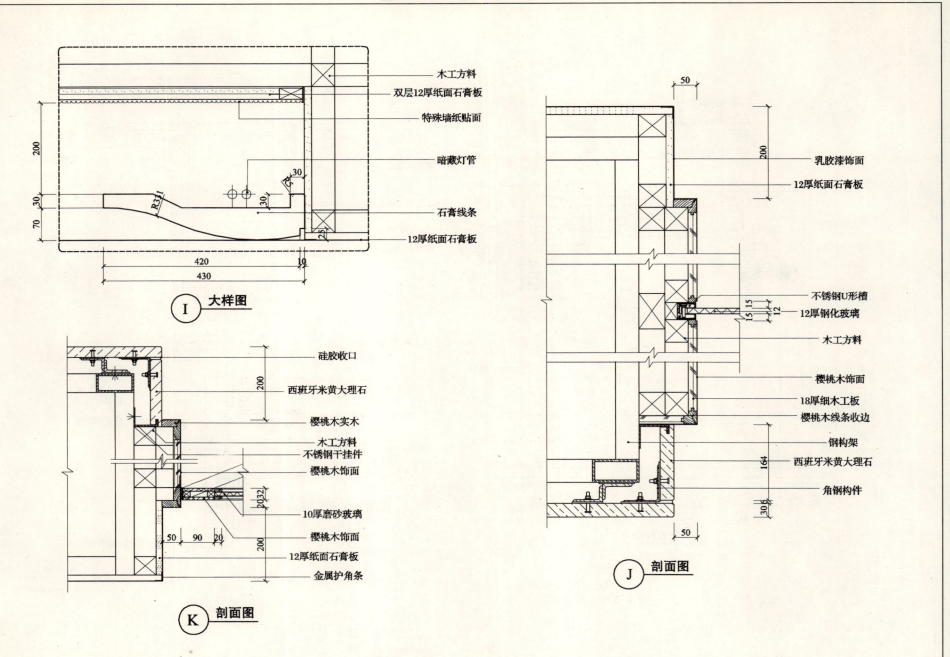

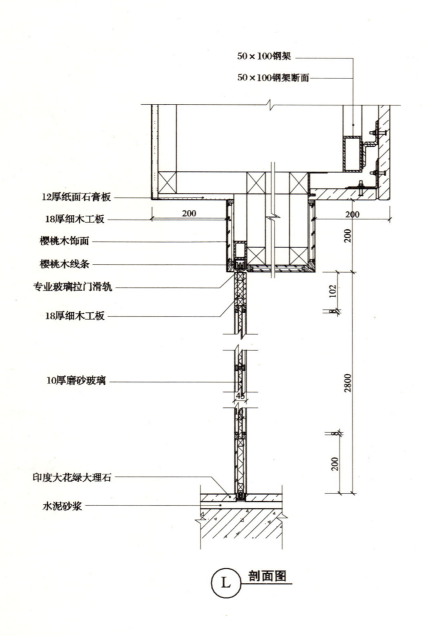

L 剖面图

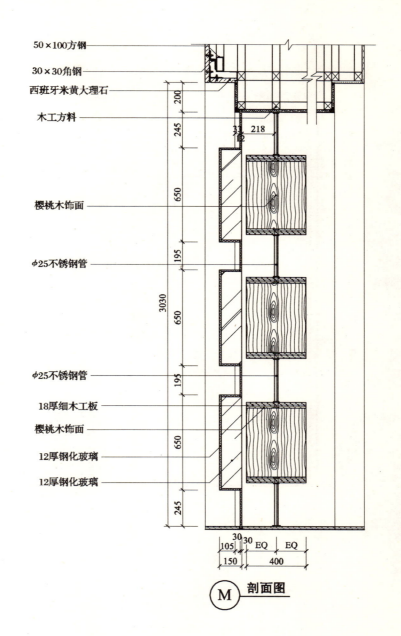

M 剖面图

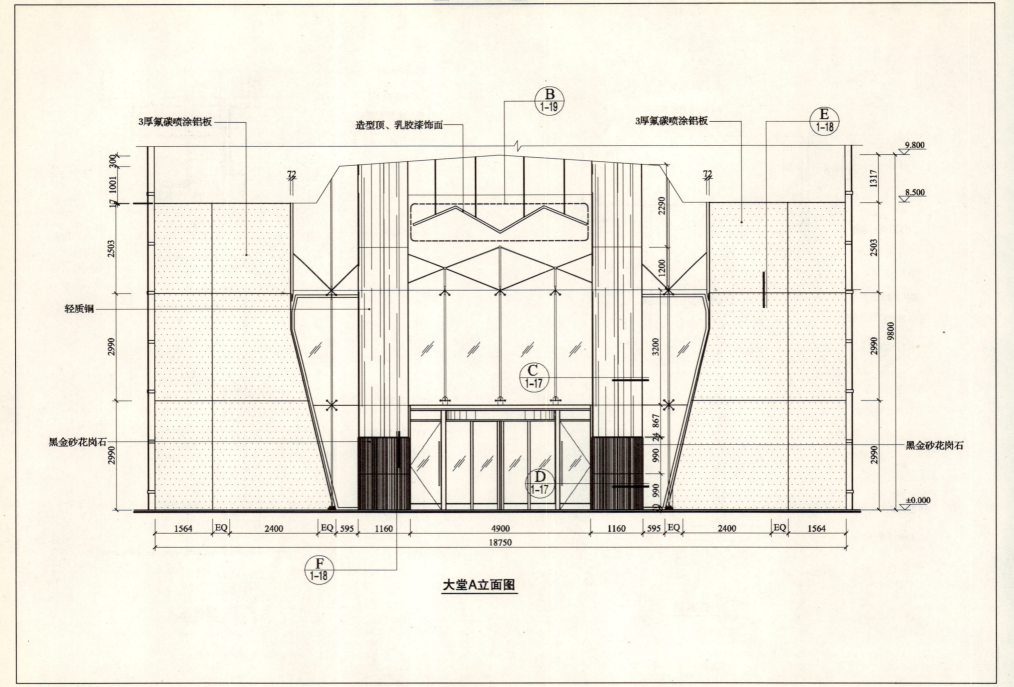

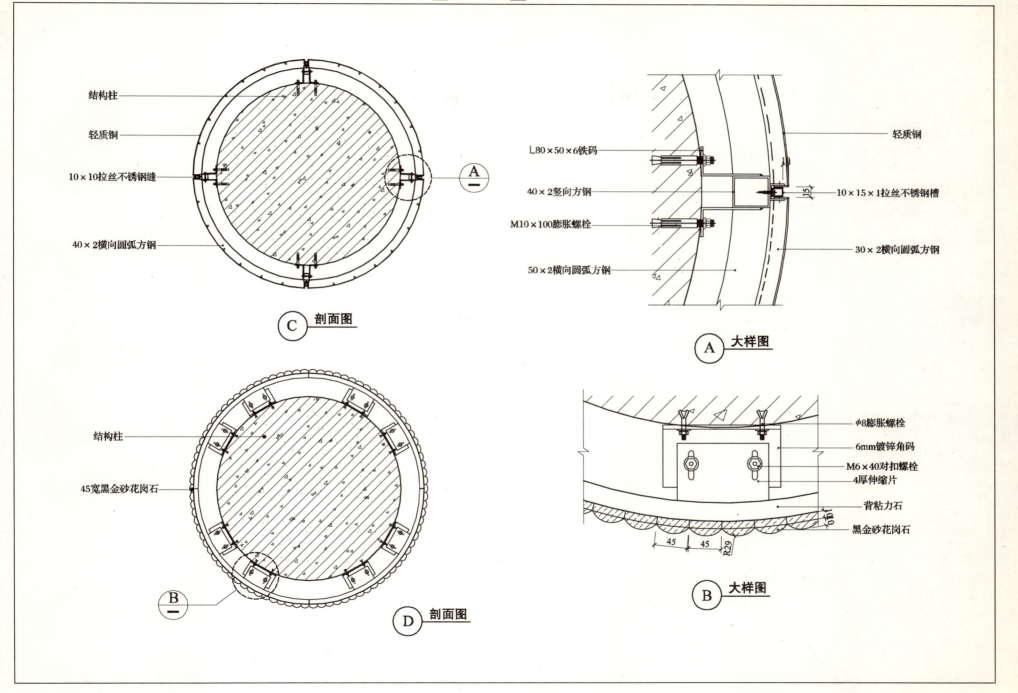

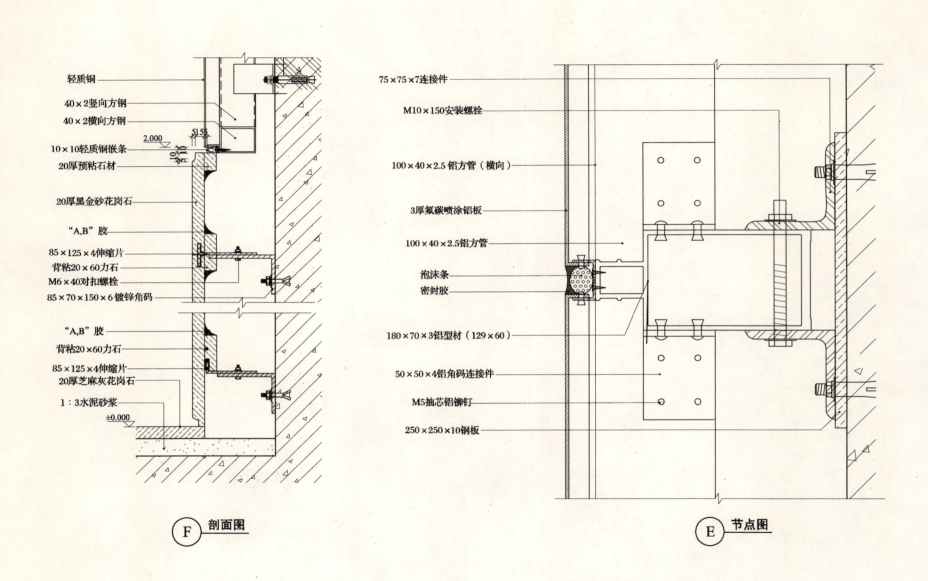

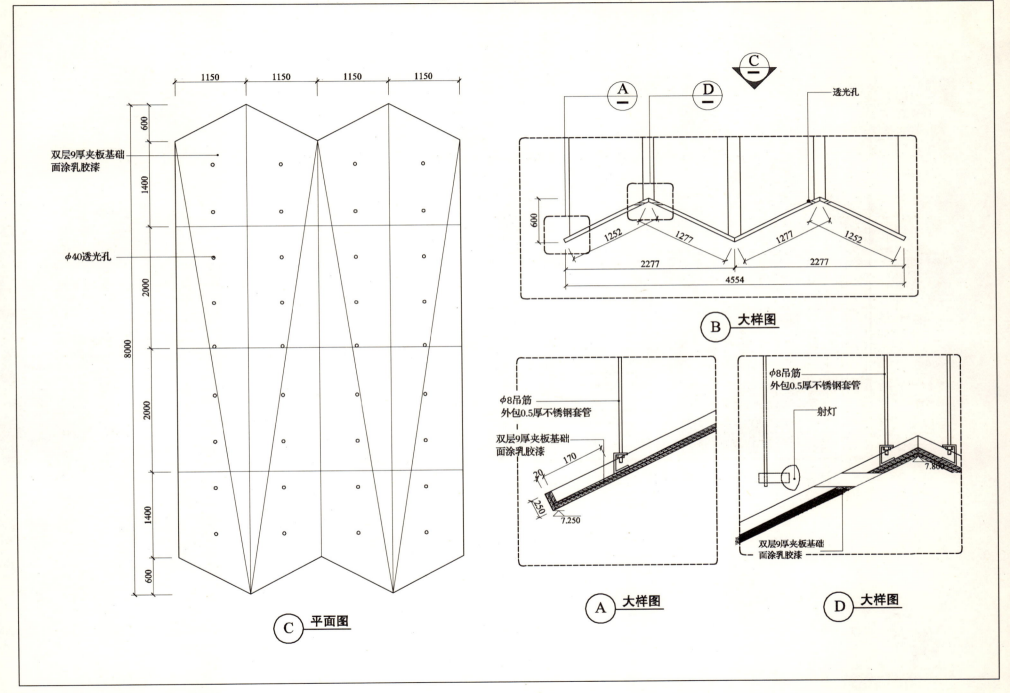

酒店空间 1 大堂

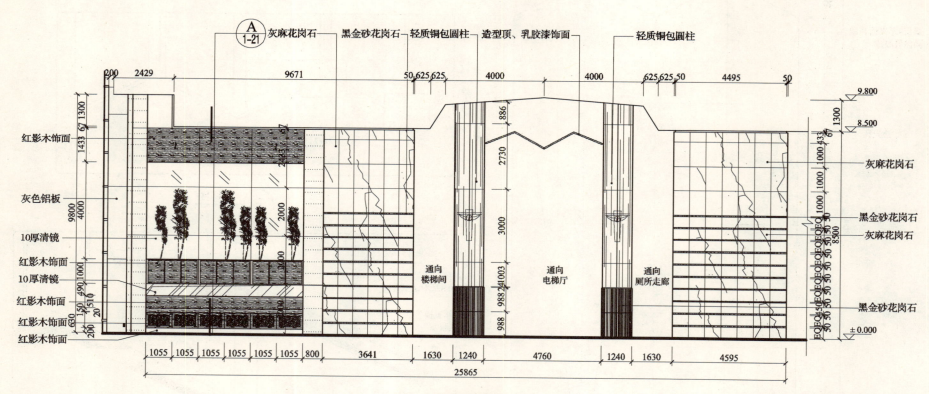

大堂B立面图

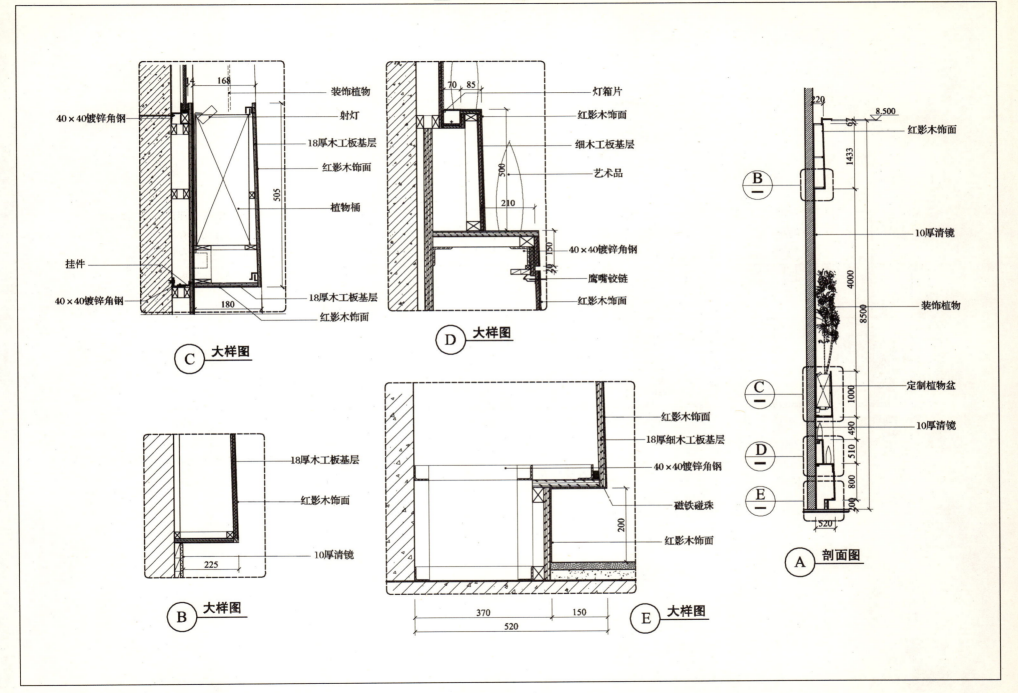

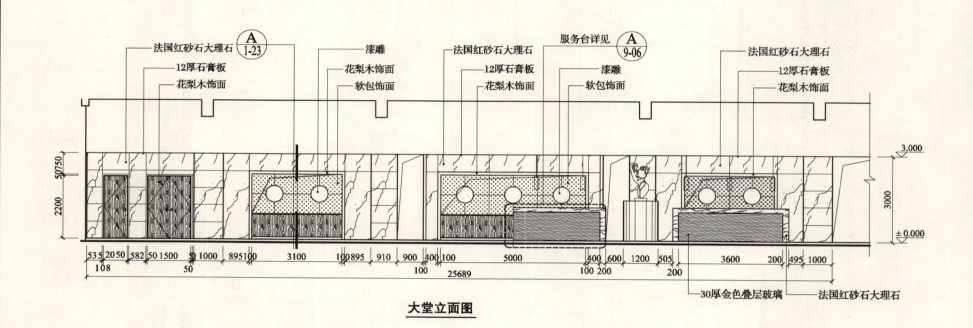

大堂立面图

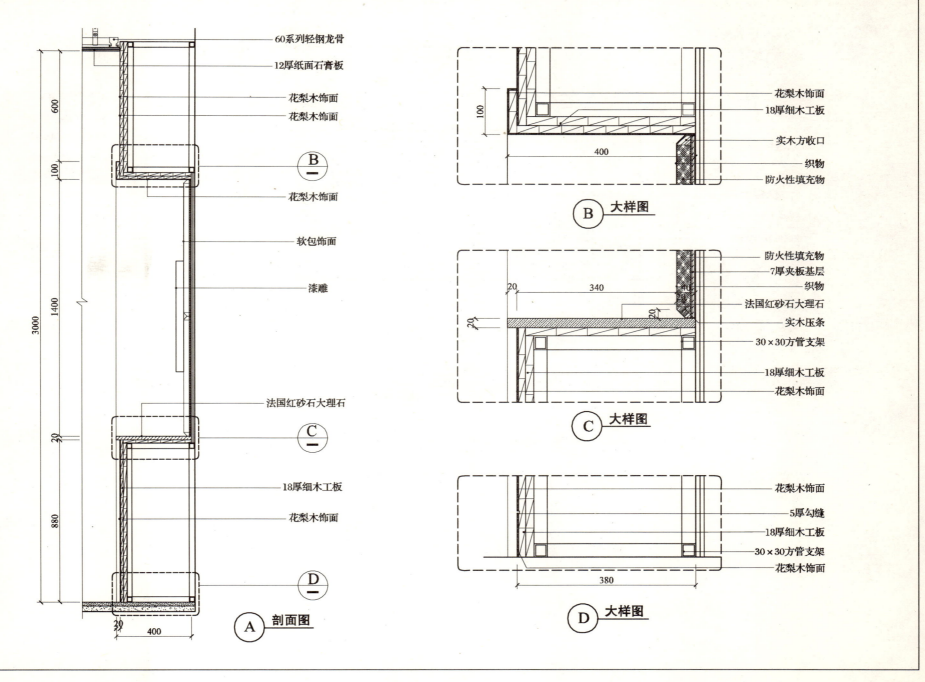

酒店空间 1 大堂

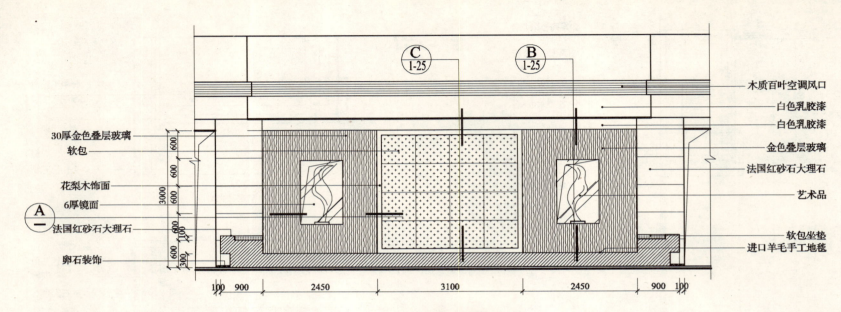

大堂立面图

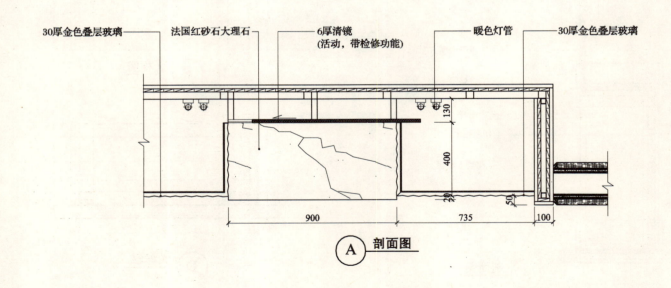

A 剖面图

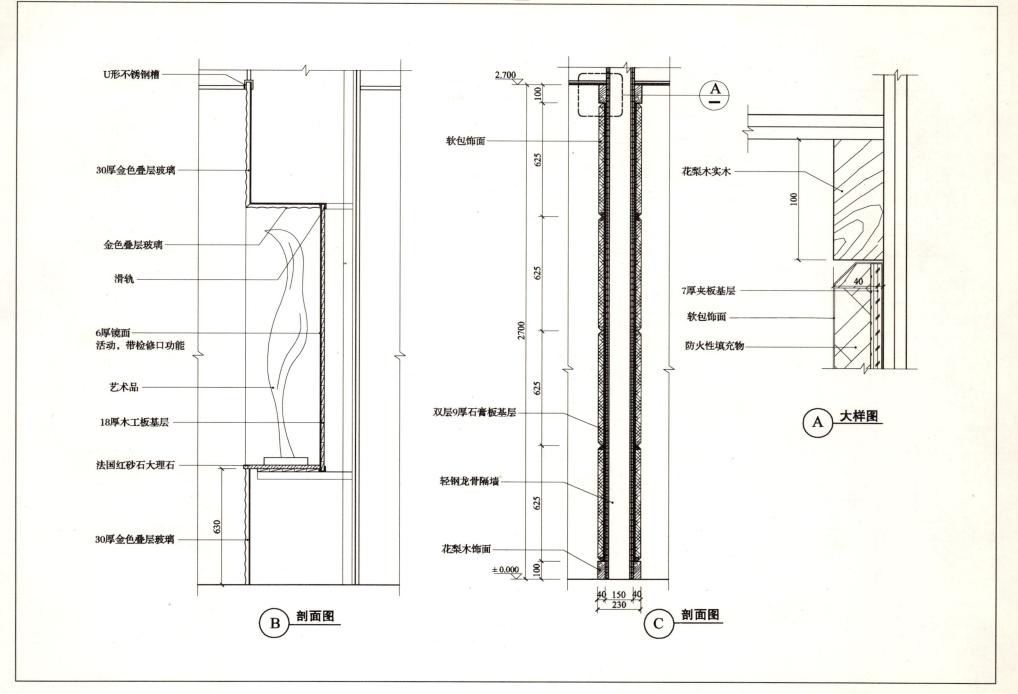

酒店空间 1 大堂

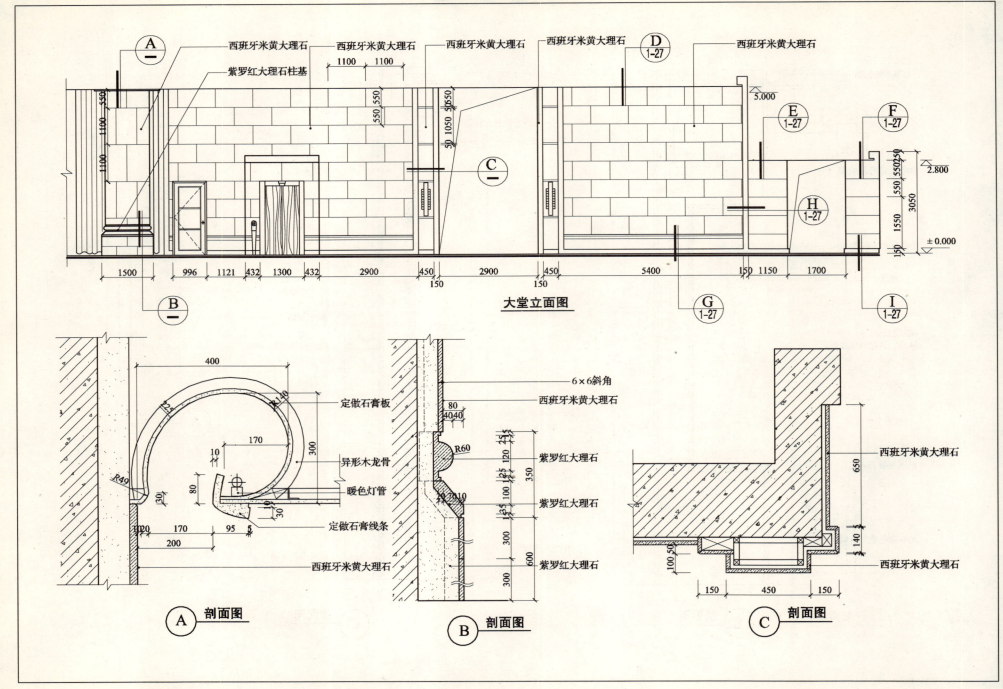

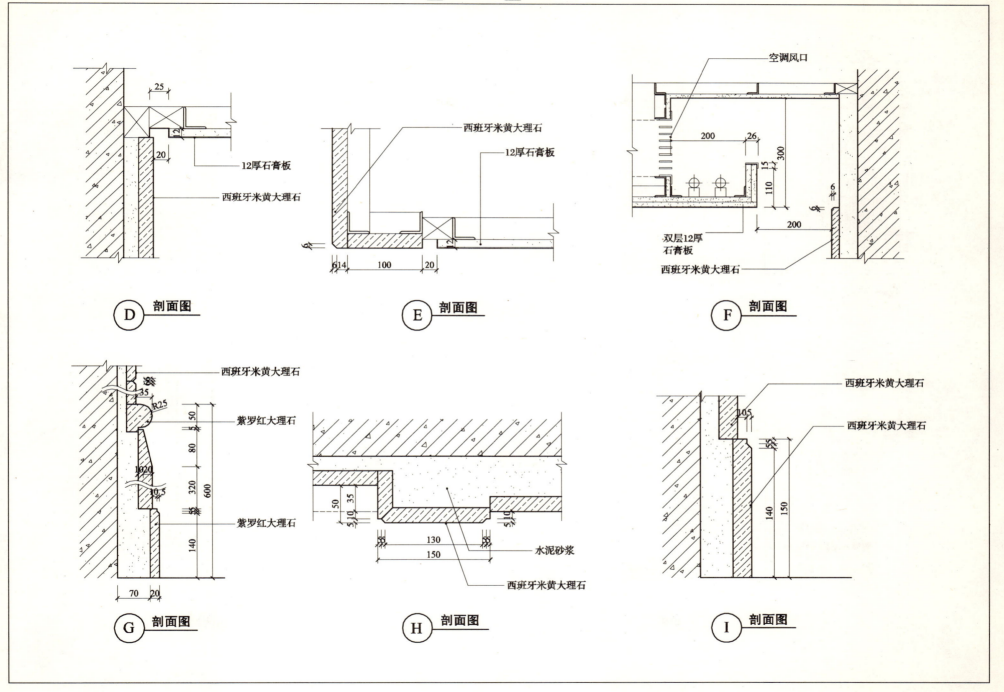

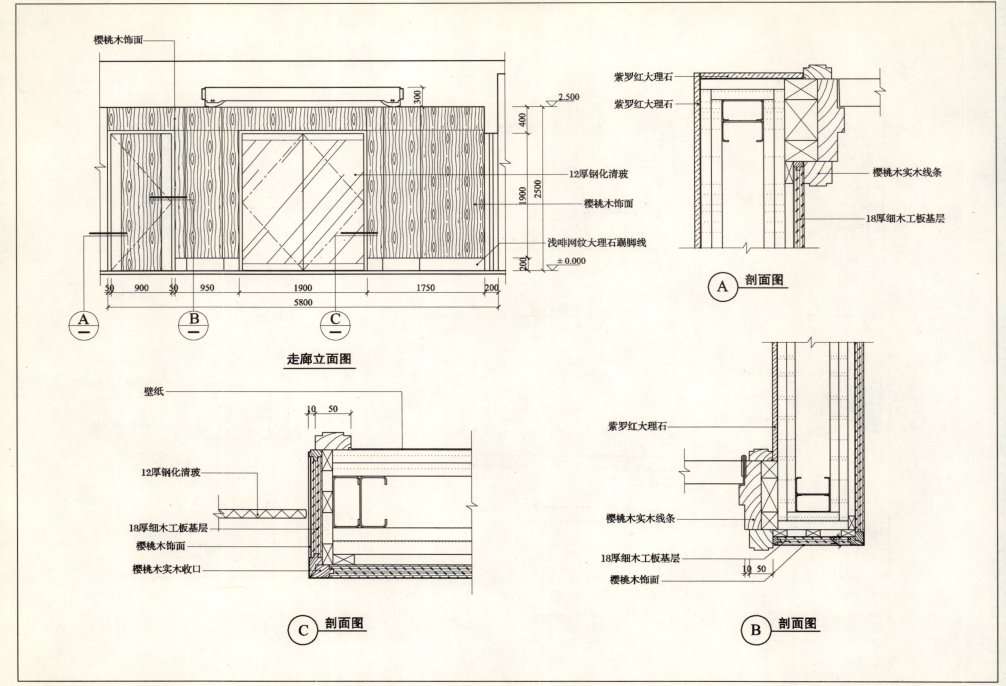

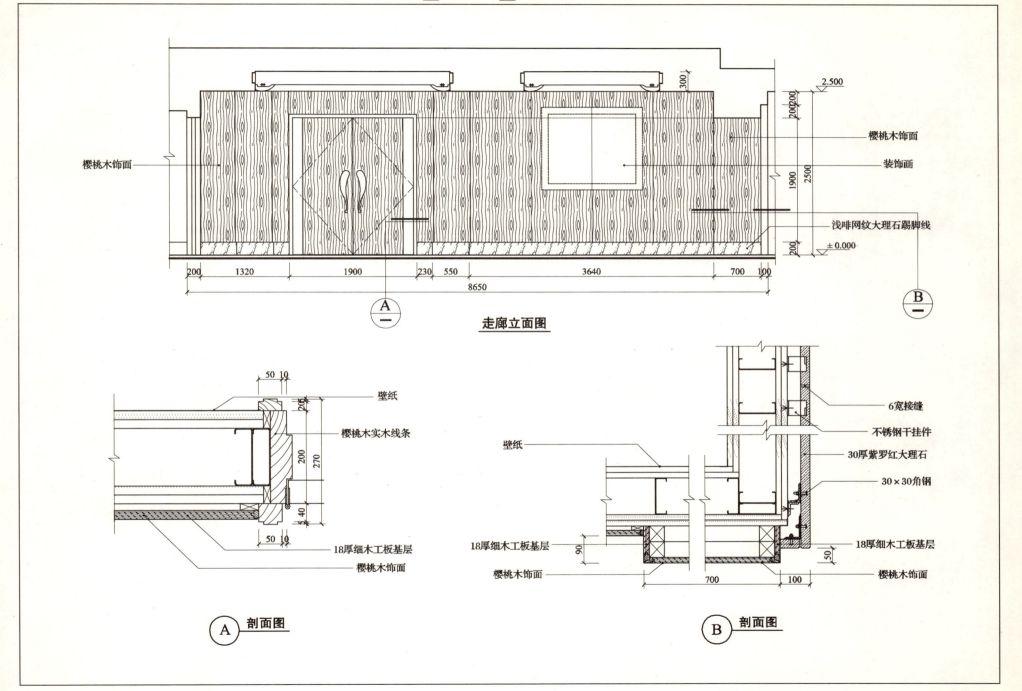

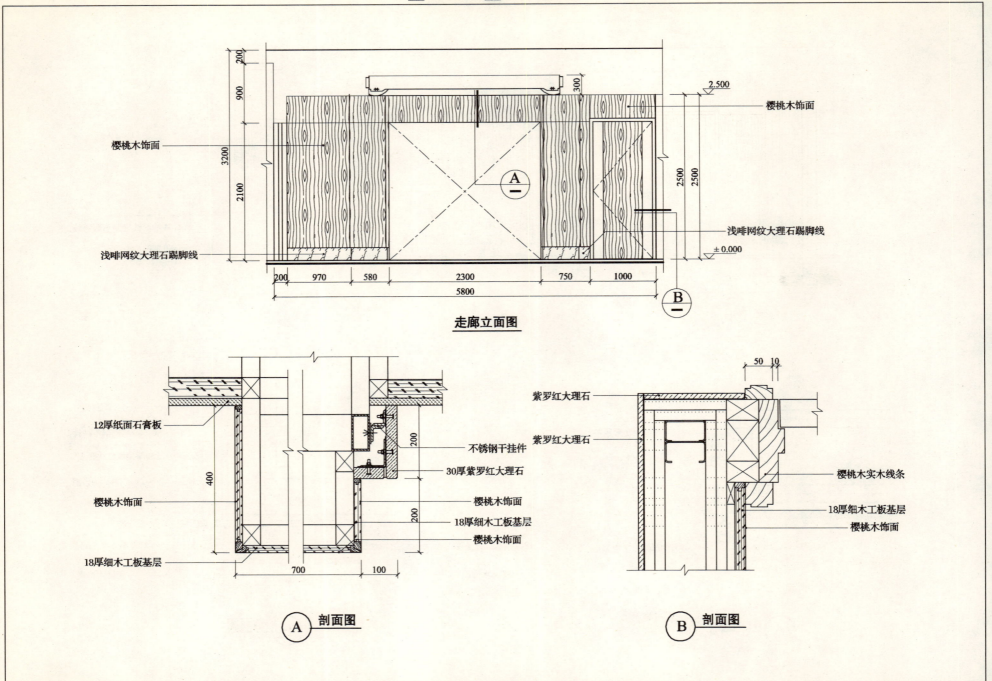

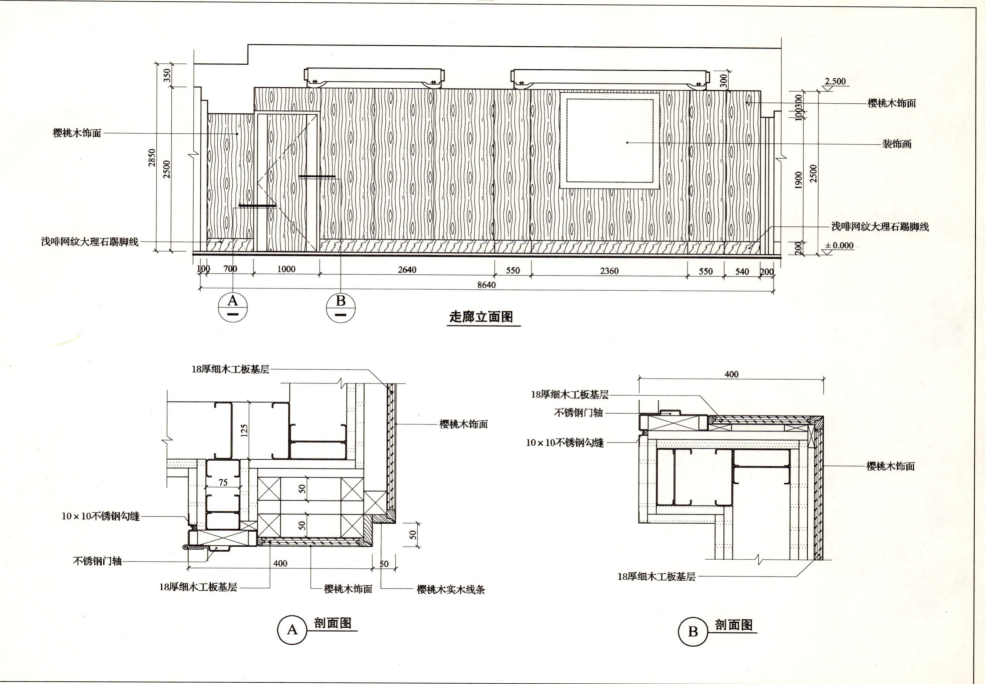

一 酒店空间 2 公共走廊

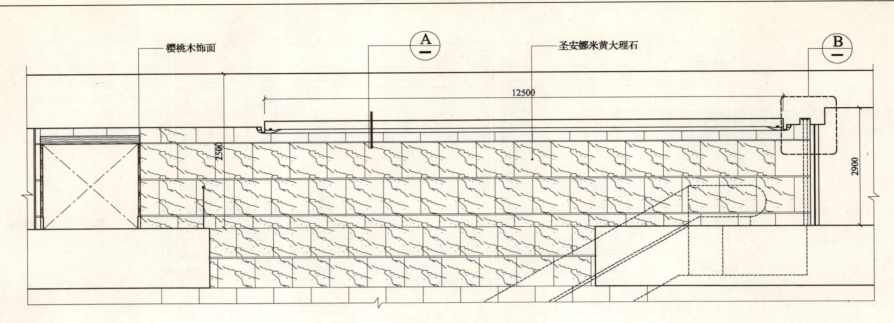

走廊立面图

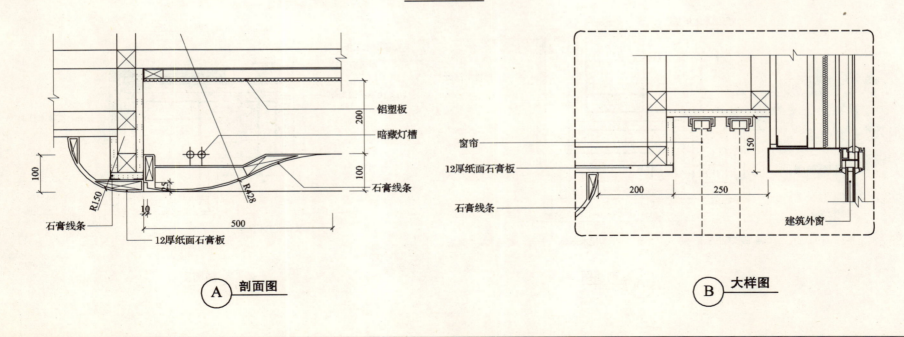

A **剖面图**　　　B **大样图**

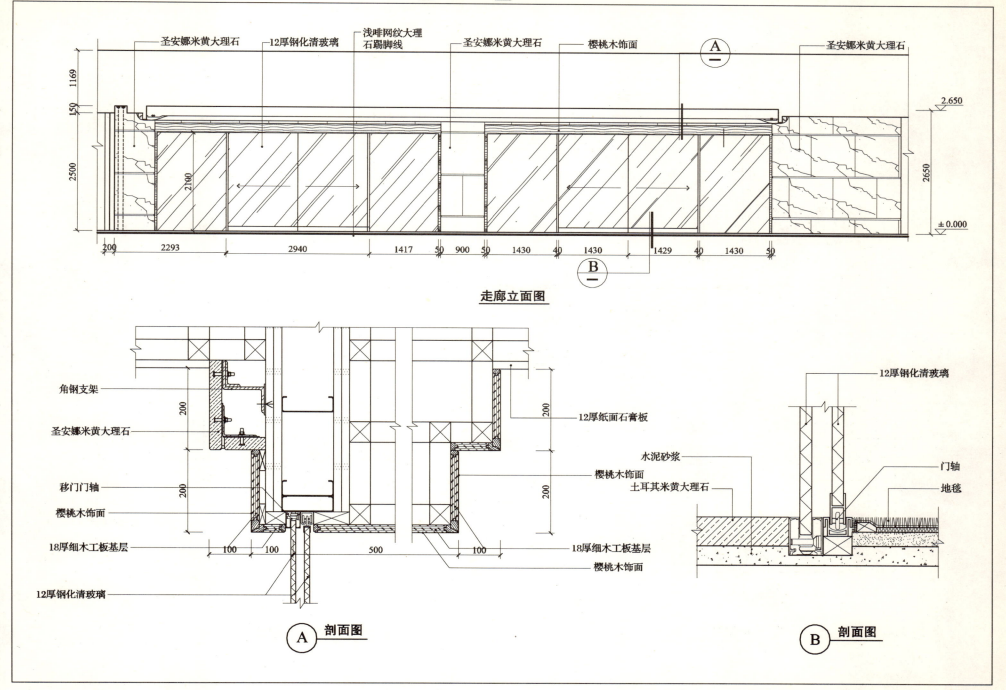

一 酒店空间 2 公共走廊

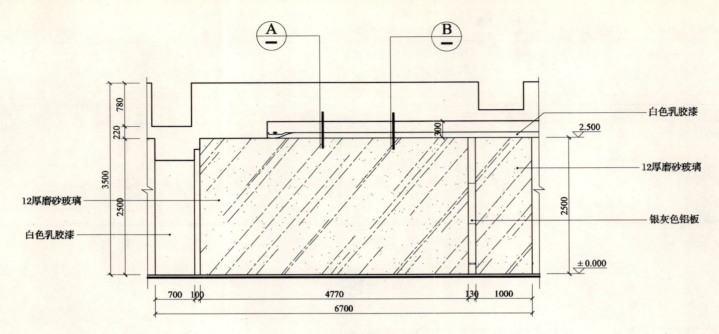

走廊立面图

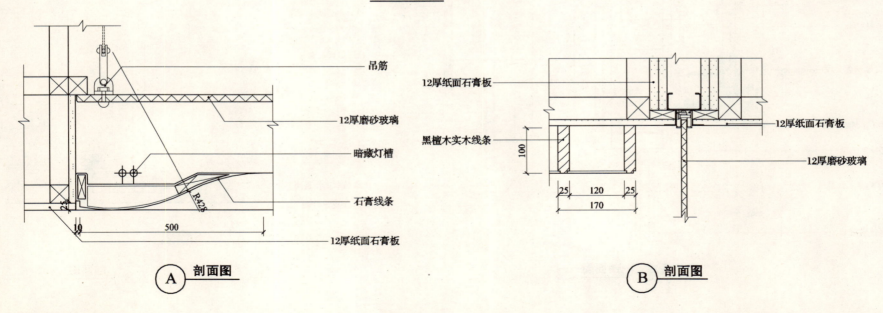

Ⓐ **剖面图**　　　　Ⓑ **剖面图**

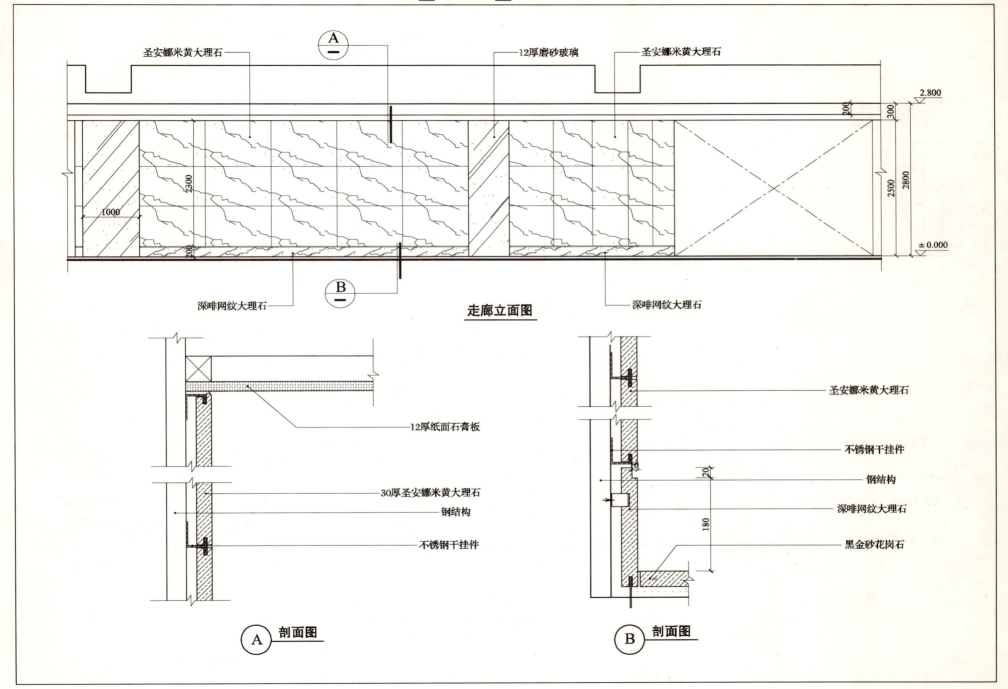

一 酒店空间 2 公共走廊

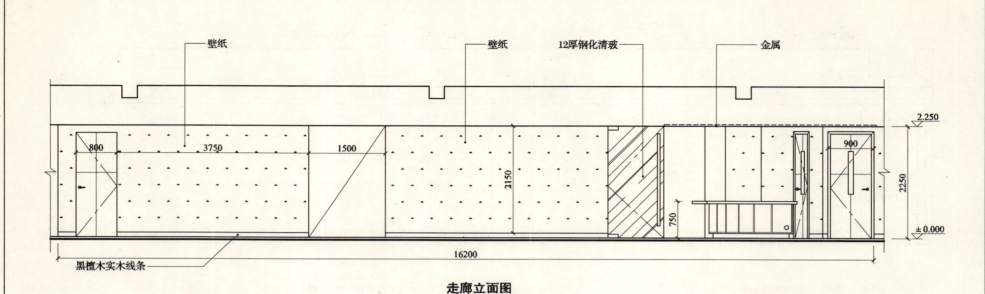

走廊立面图

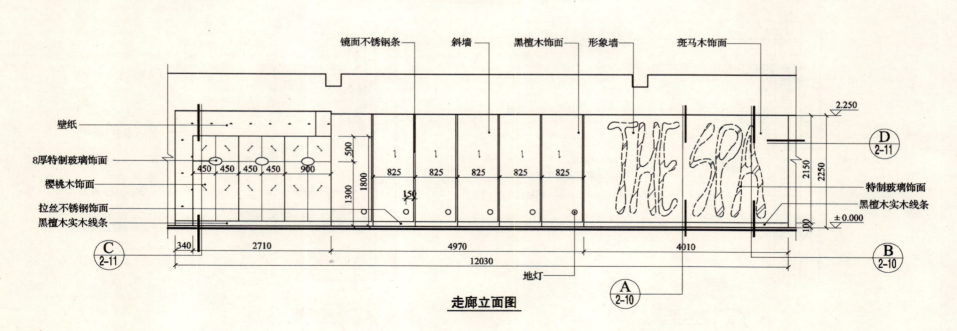

走廊立面图

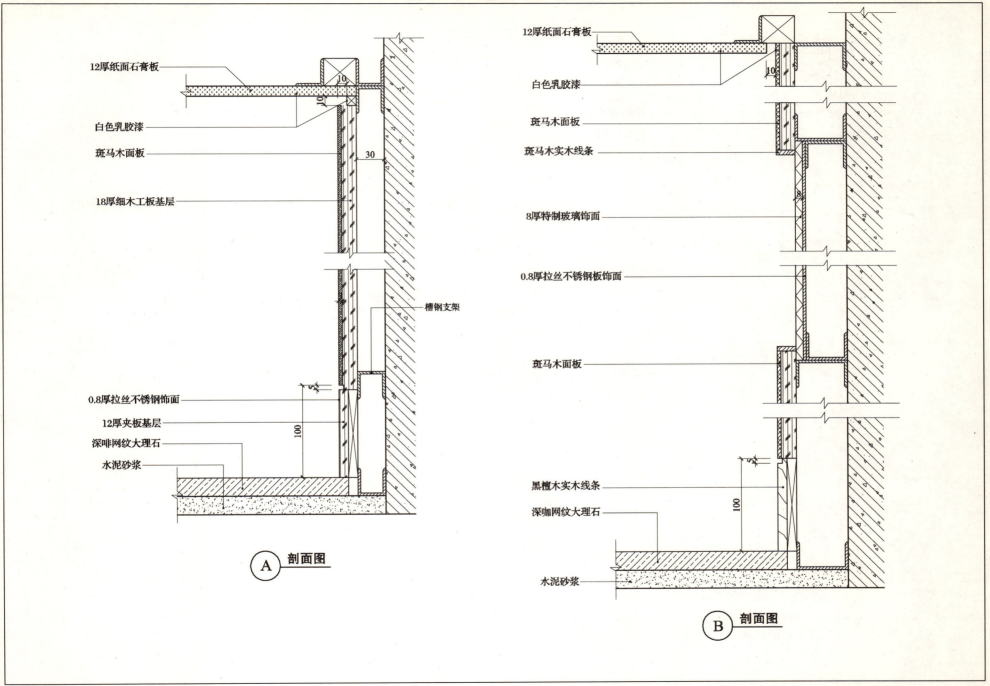

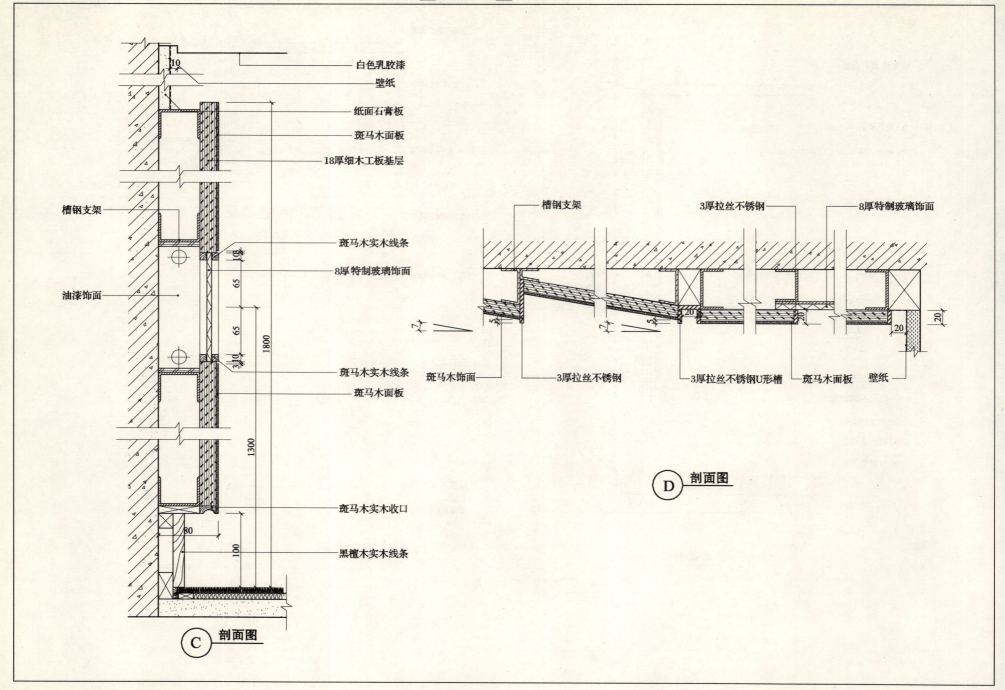

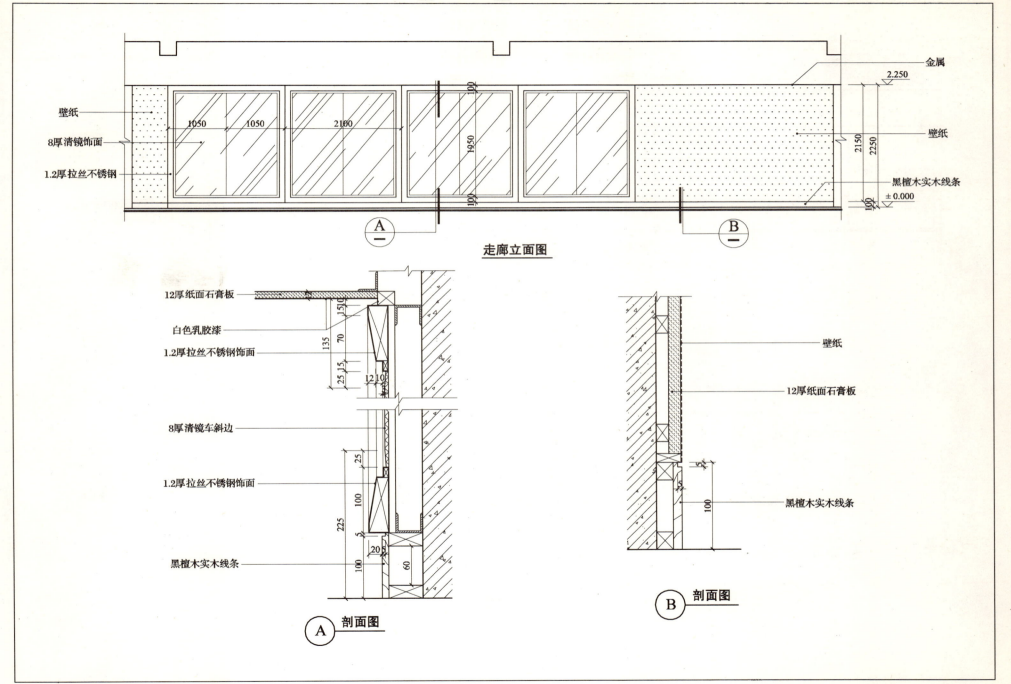

一 酒店空间 2 公共走廊

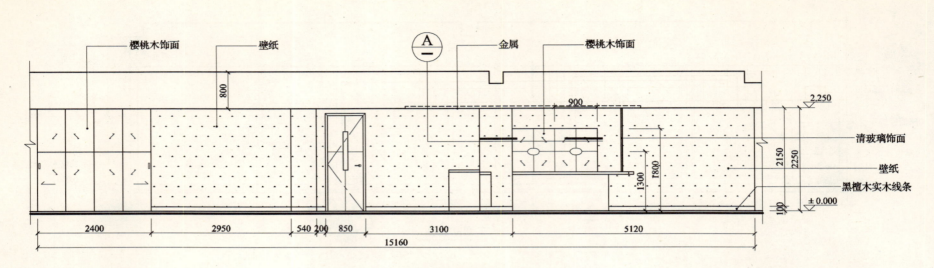

走廊立面图

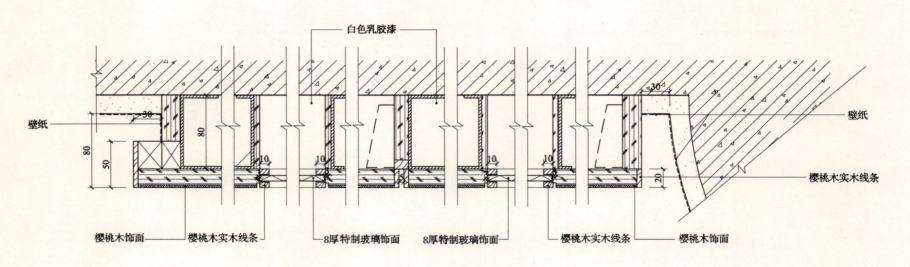

 剖面图

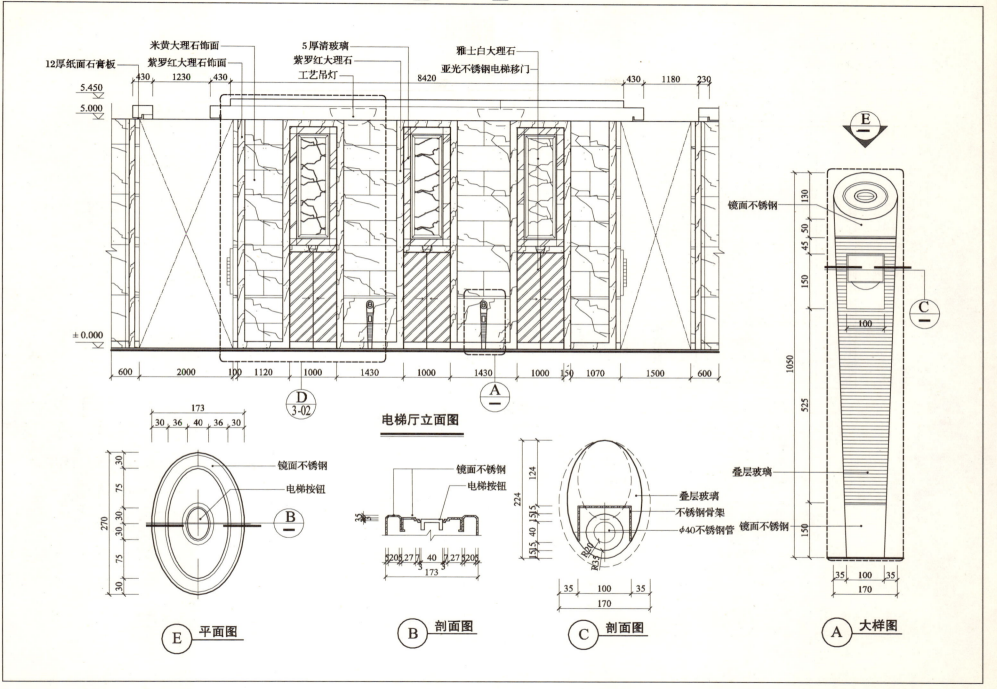

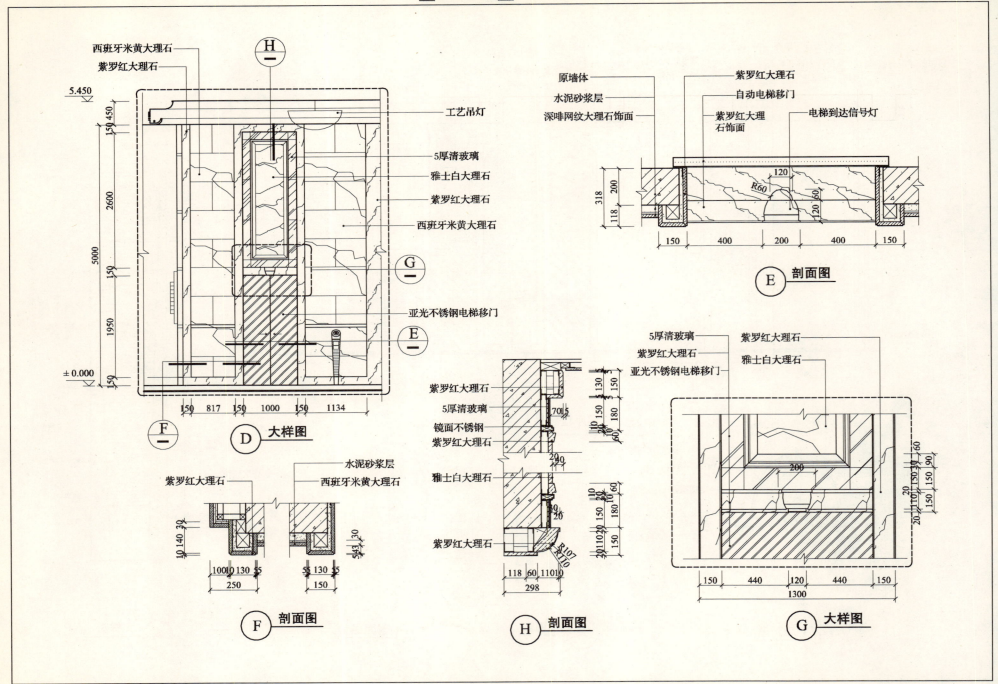

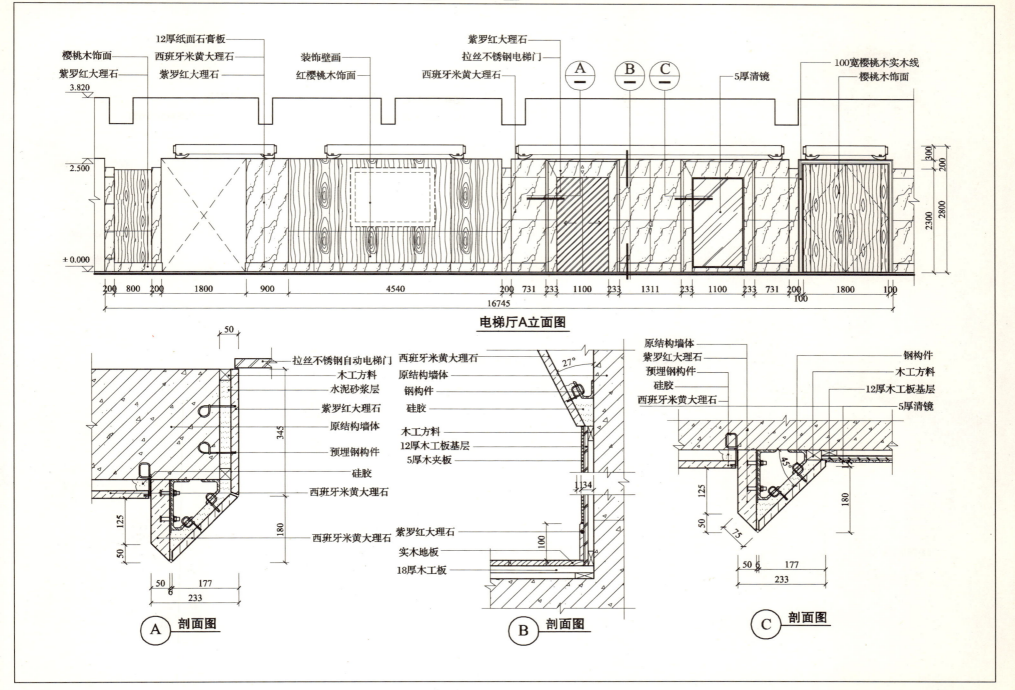

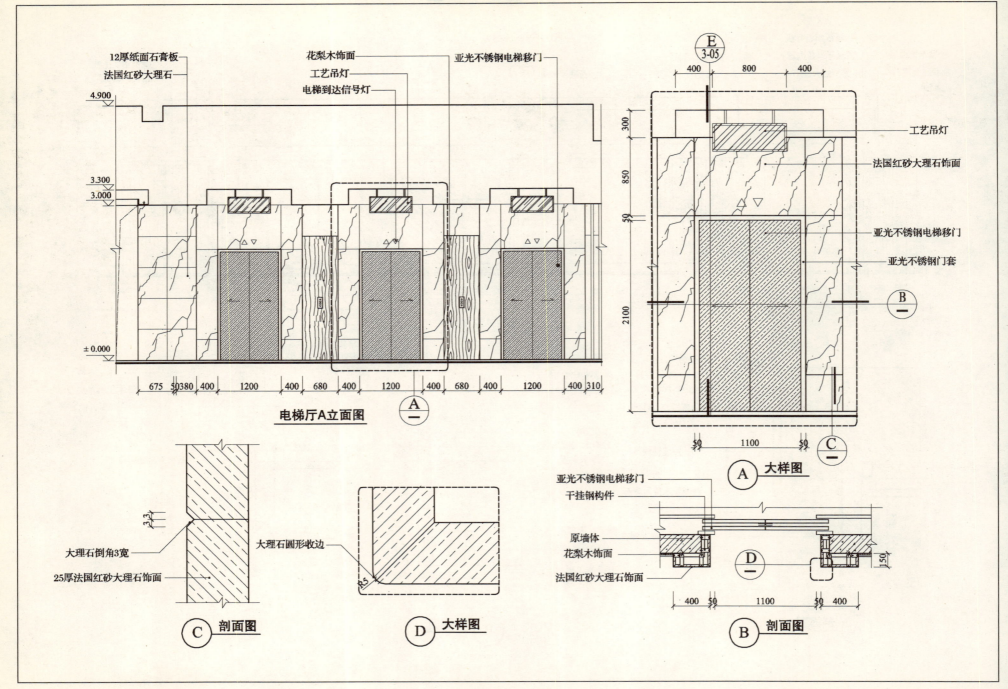

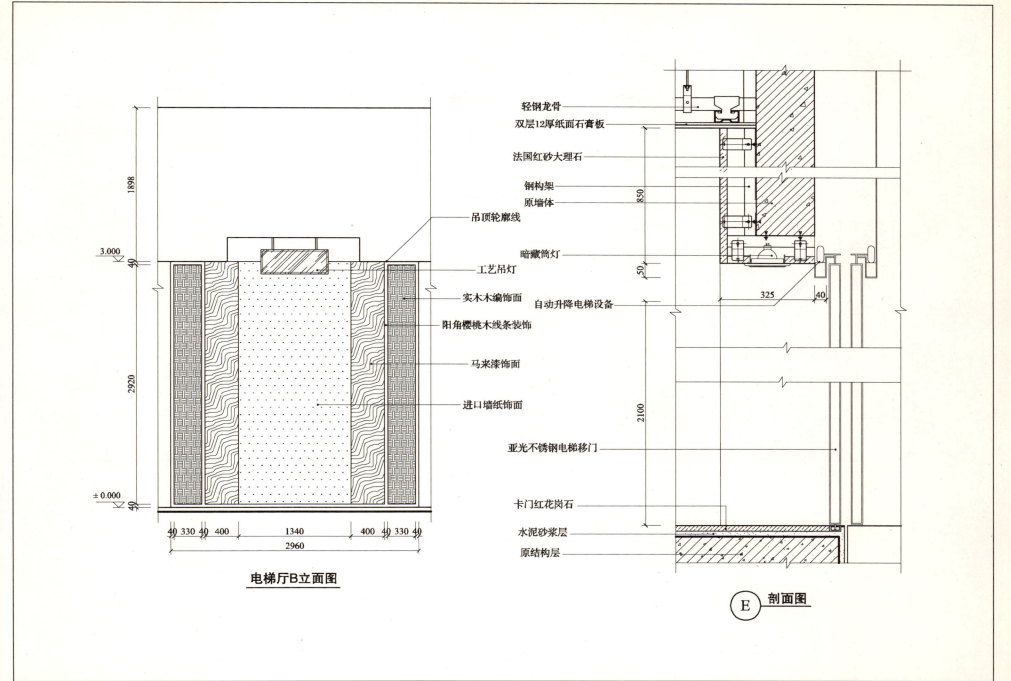

酒店空间 3 电梯厅

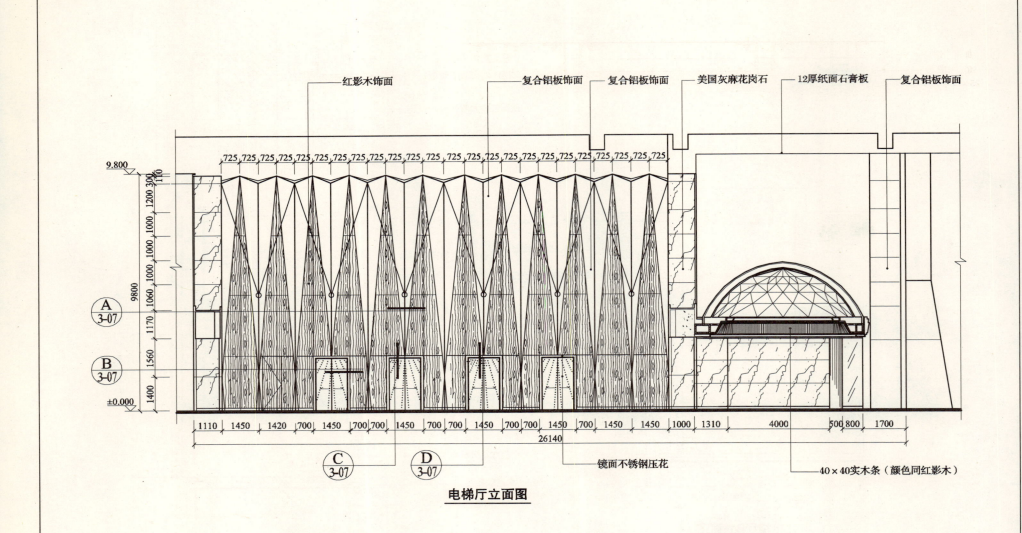

电梯厅立面图

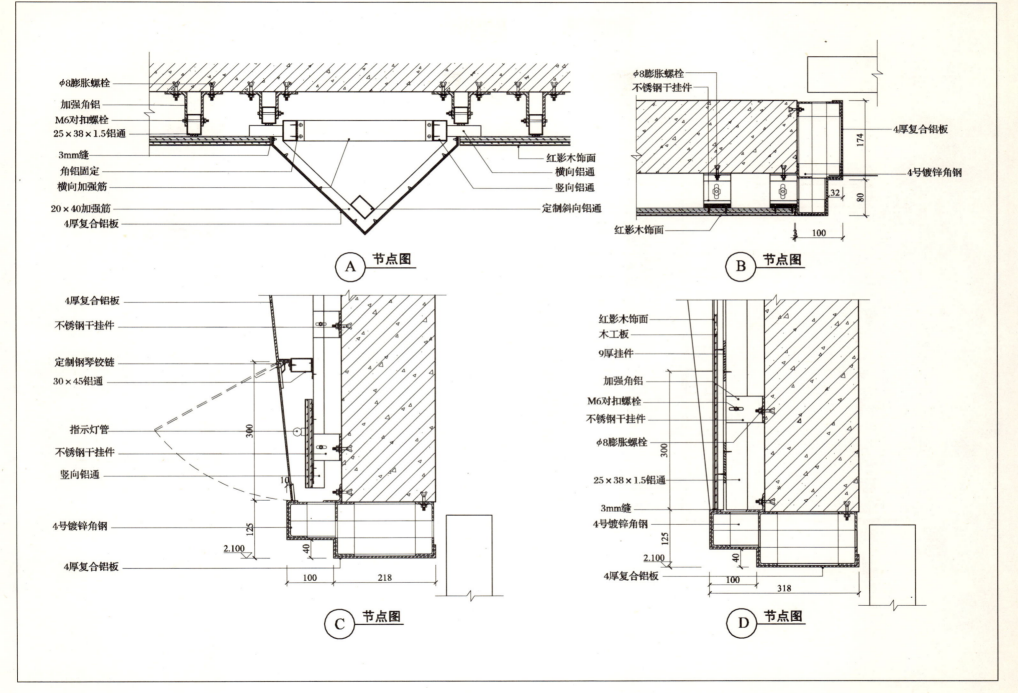

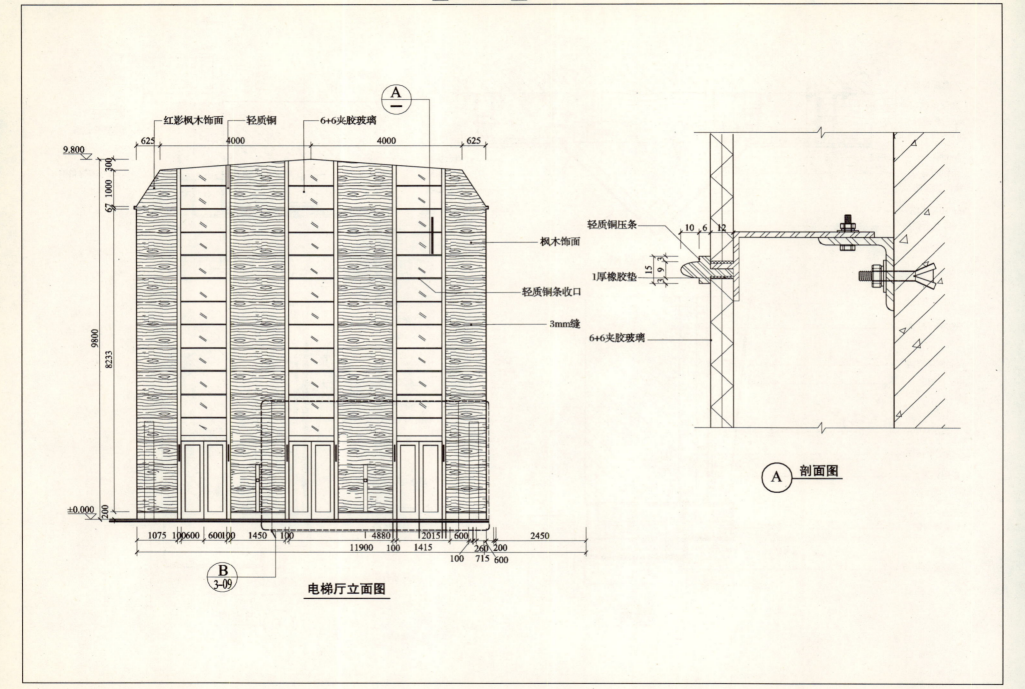

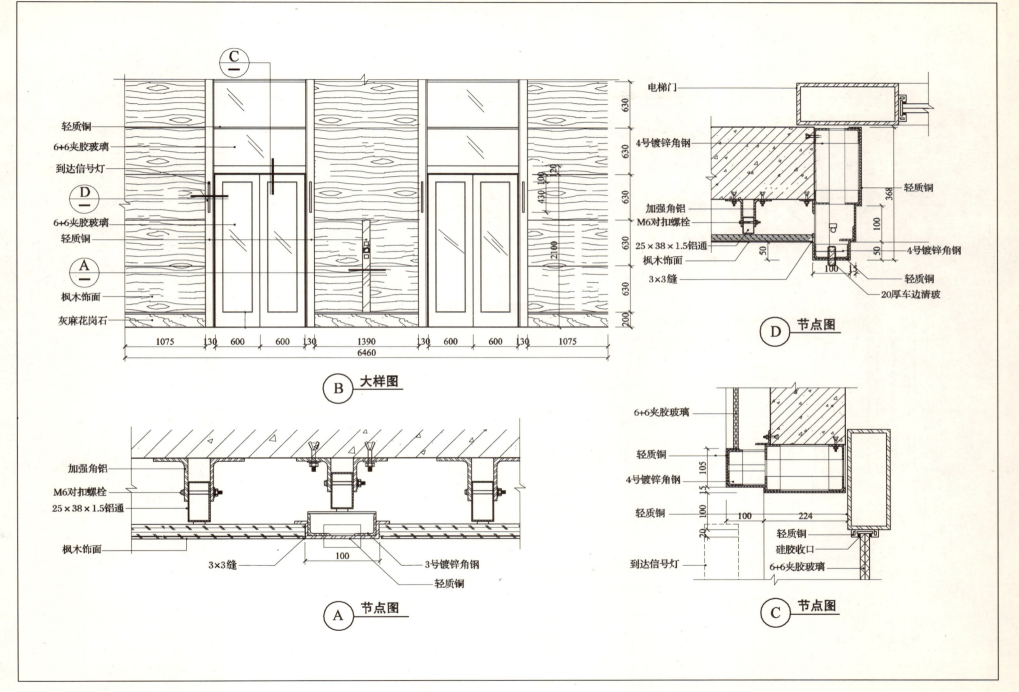

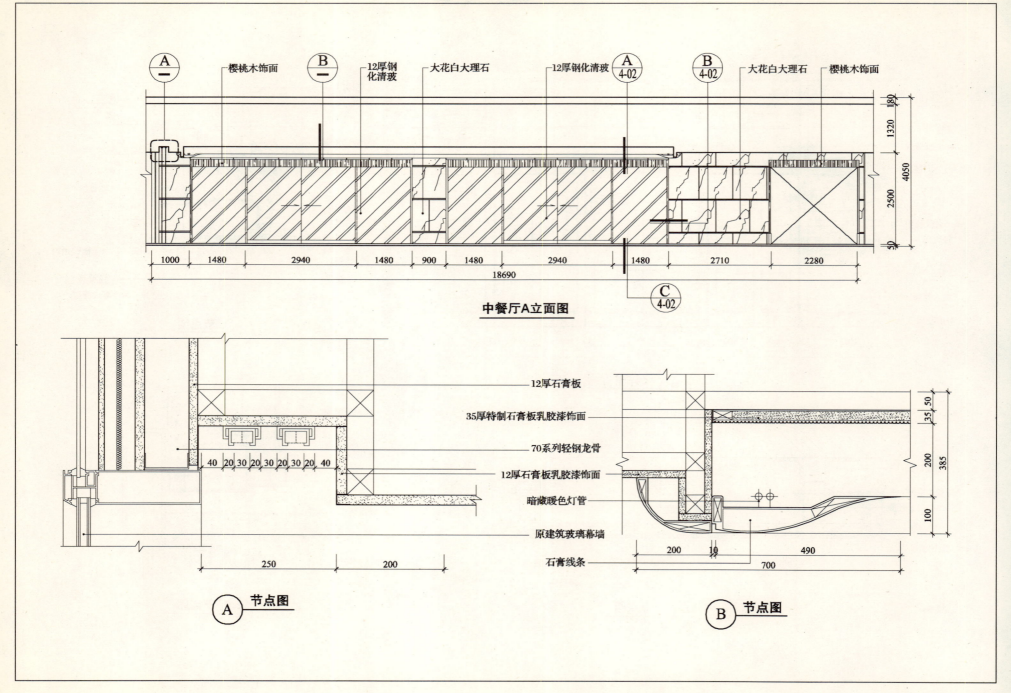

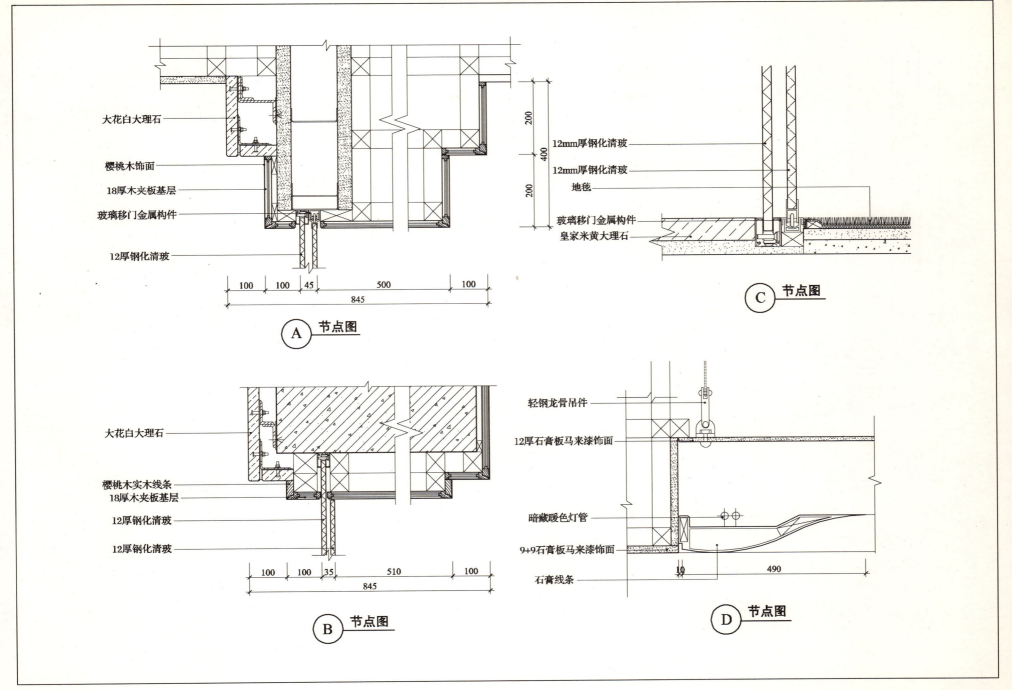

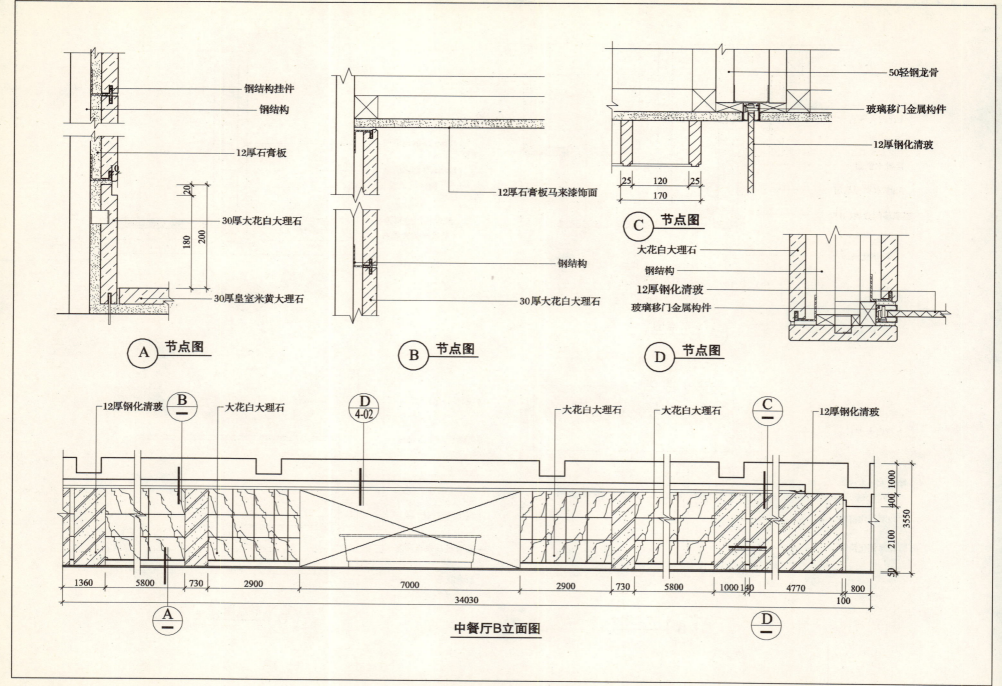

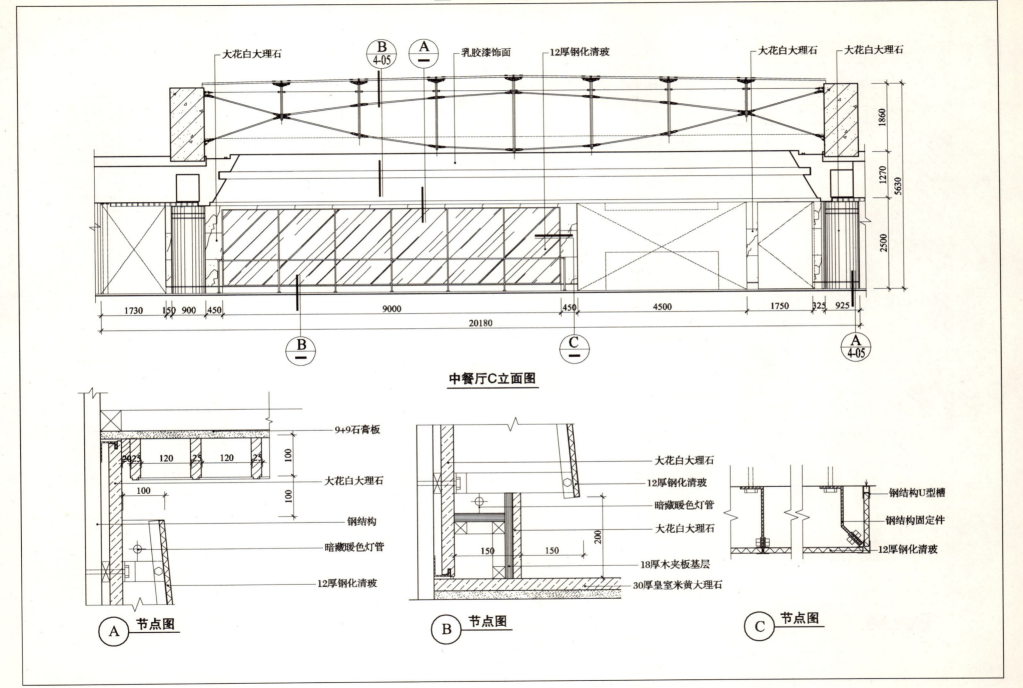

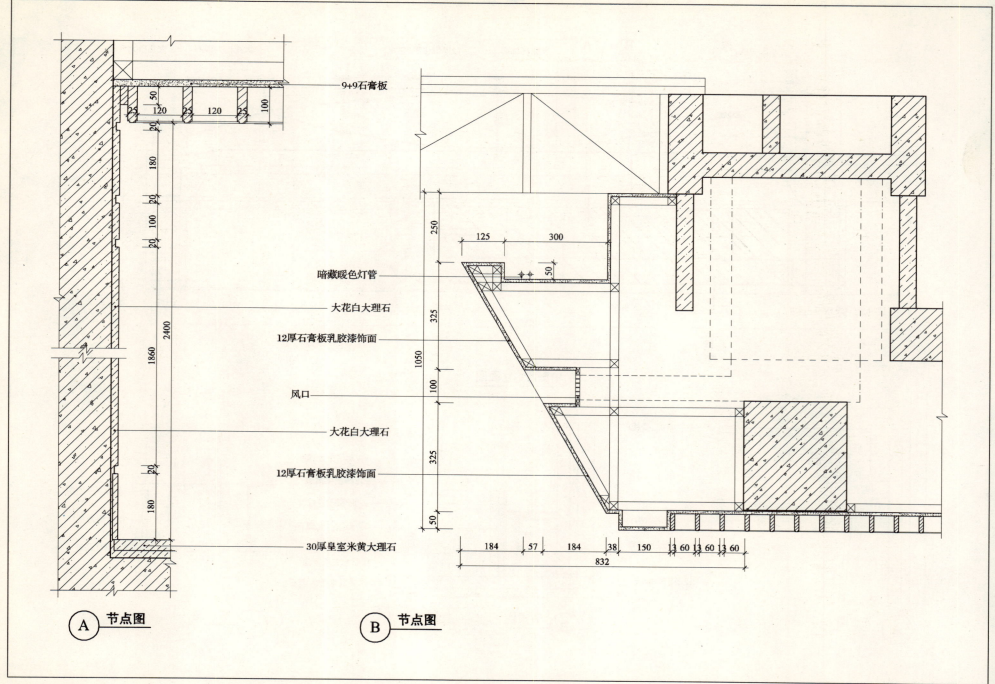

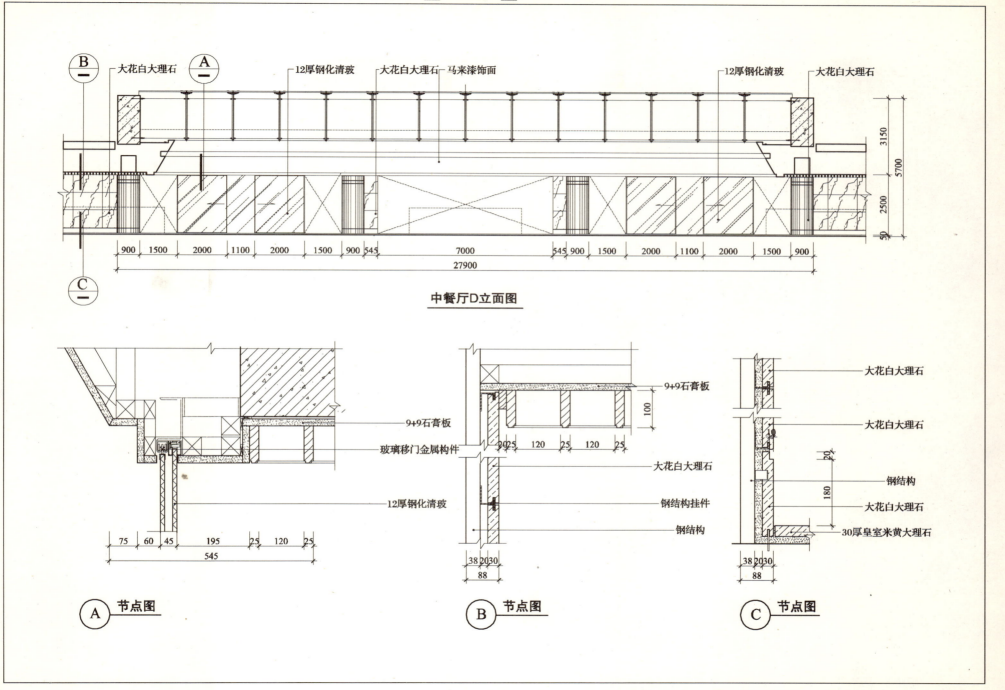

— 酒店空间 4 餐厅

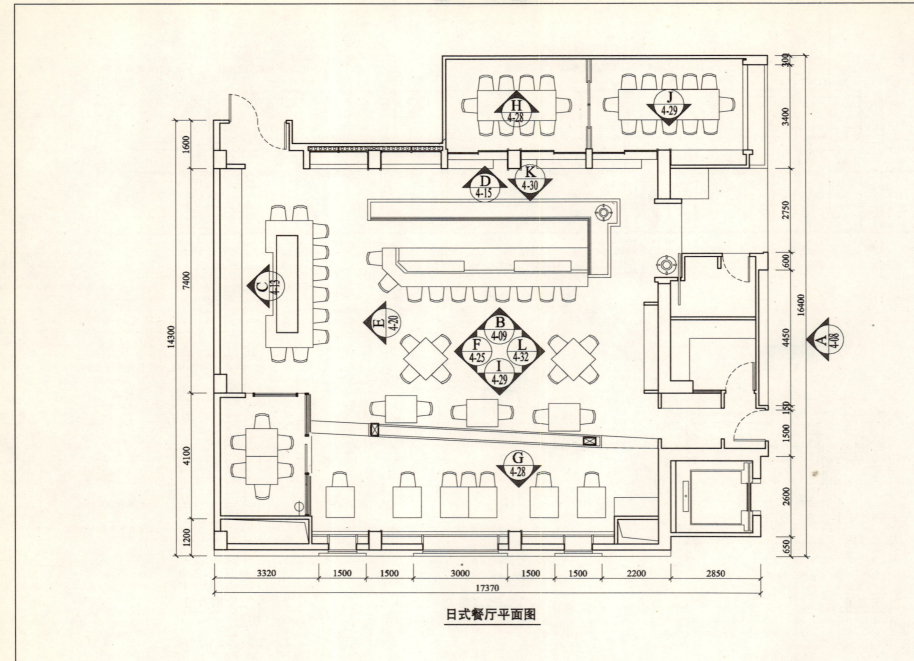

日式餐厅平面图

酒店空间 4 餐厅

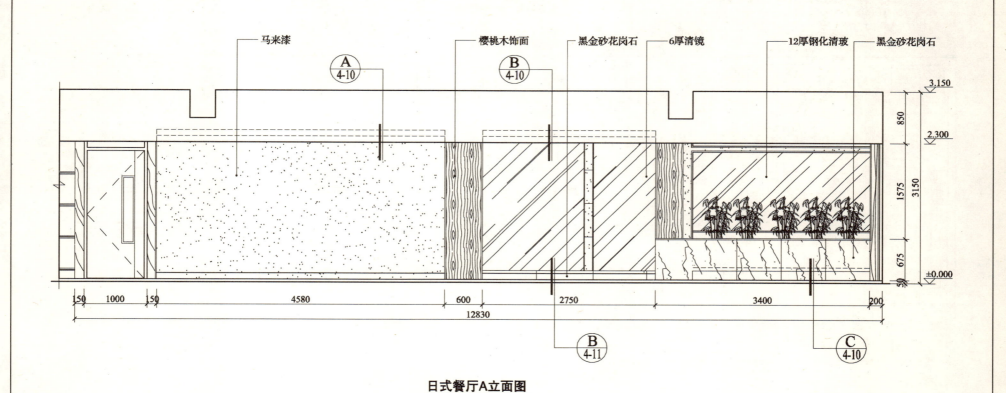

日式餐厅A立面图

一 酒店空间 4 餐厅

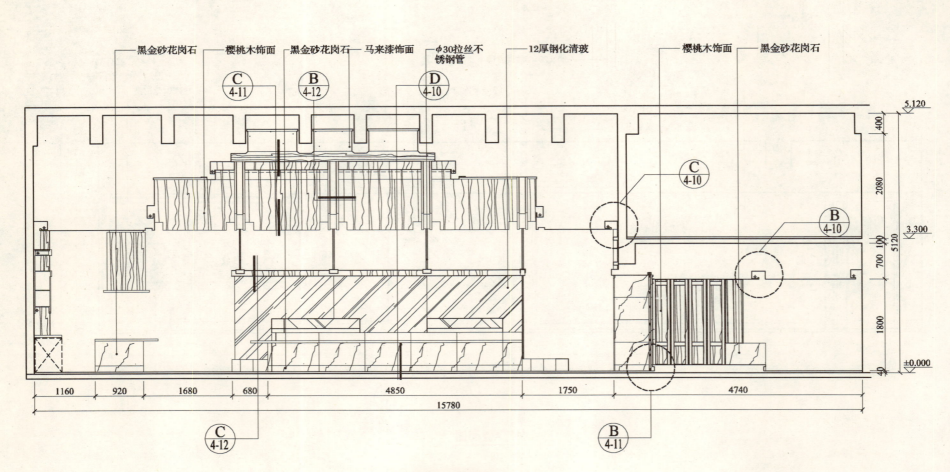

日式餐厅B立面图

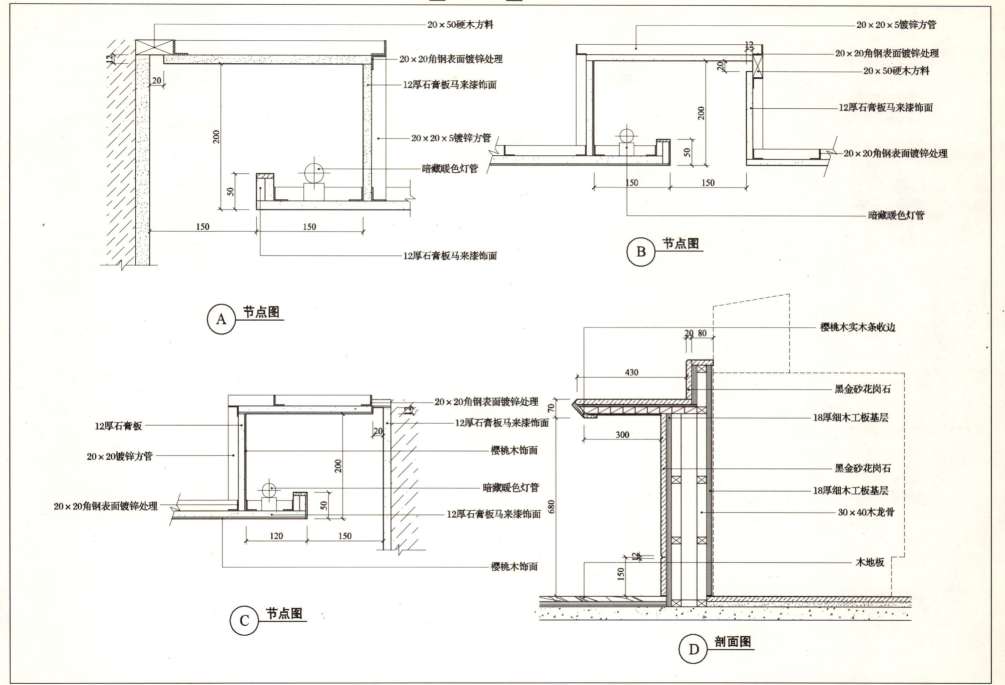

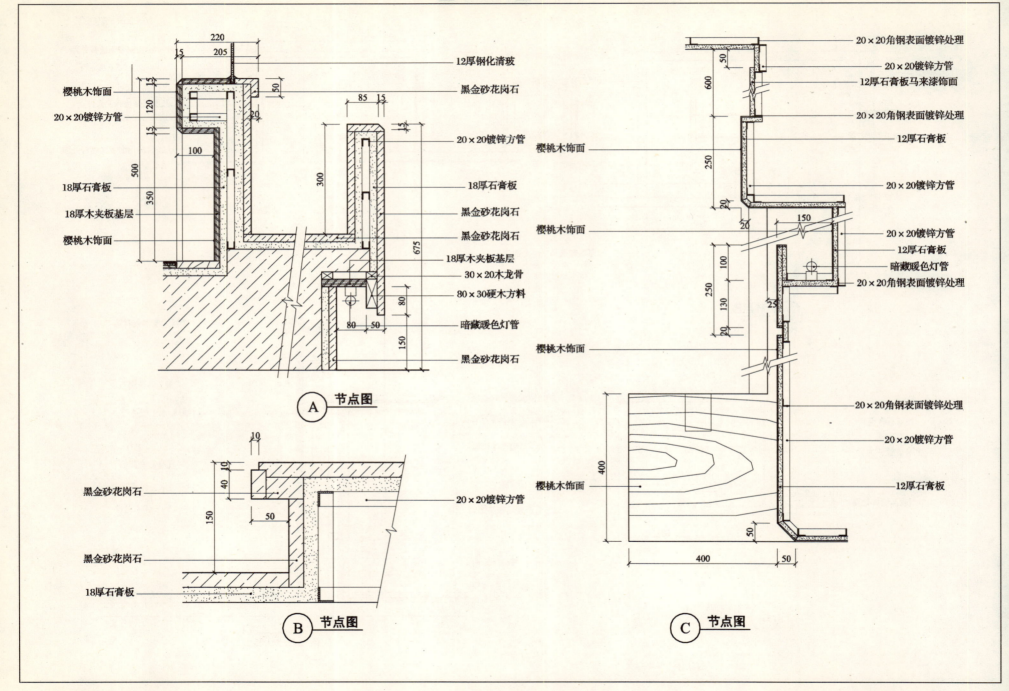

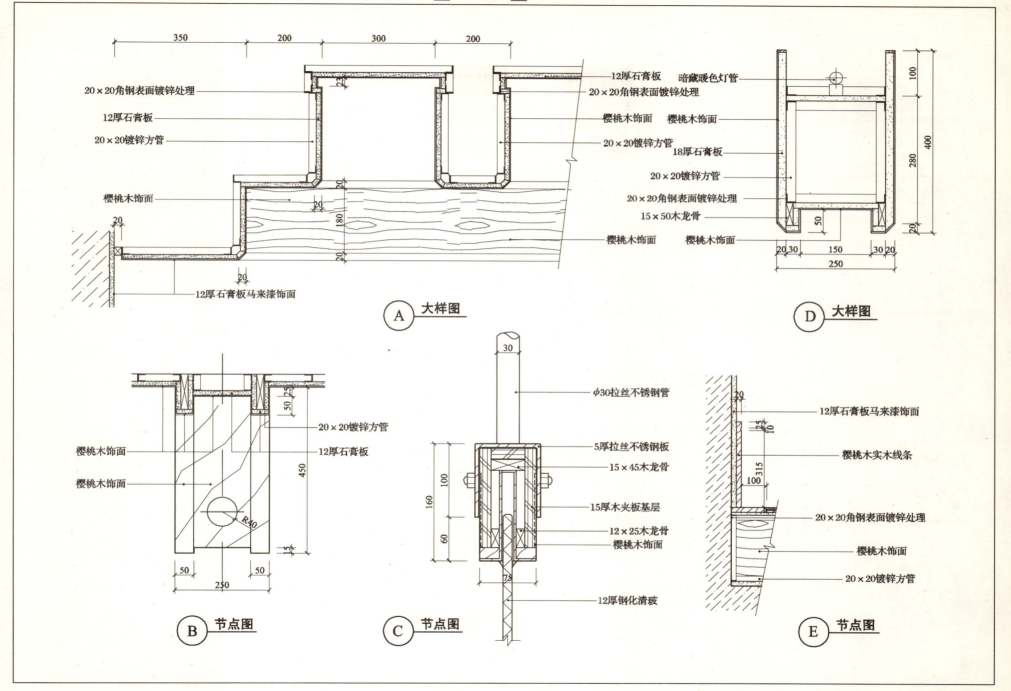

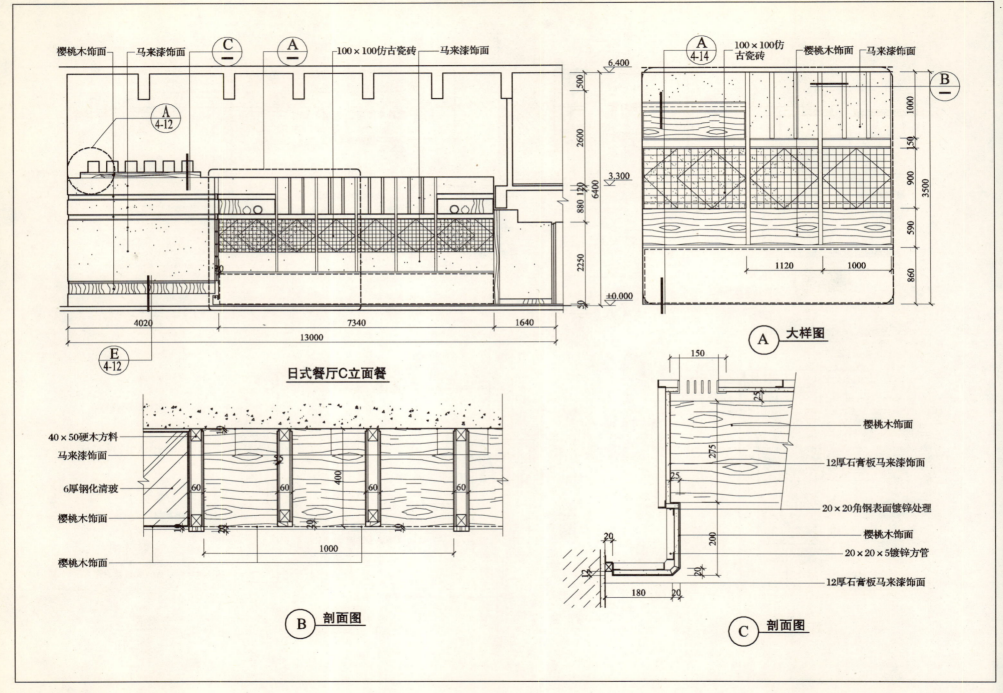

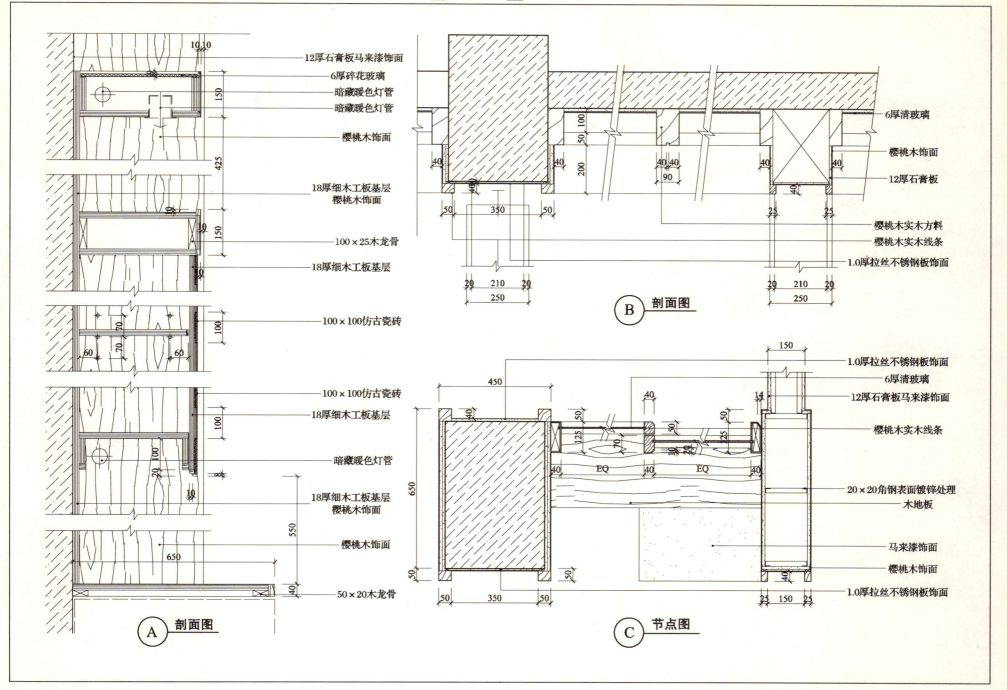

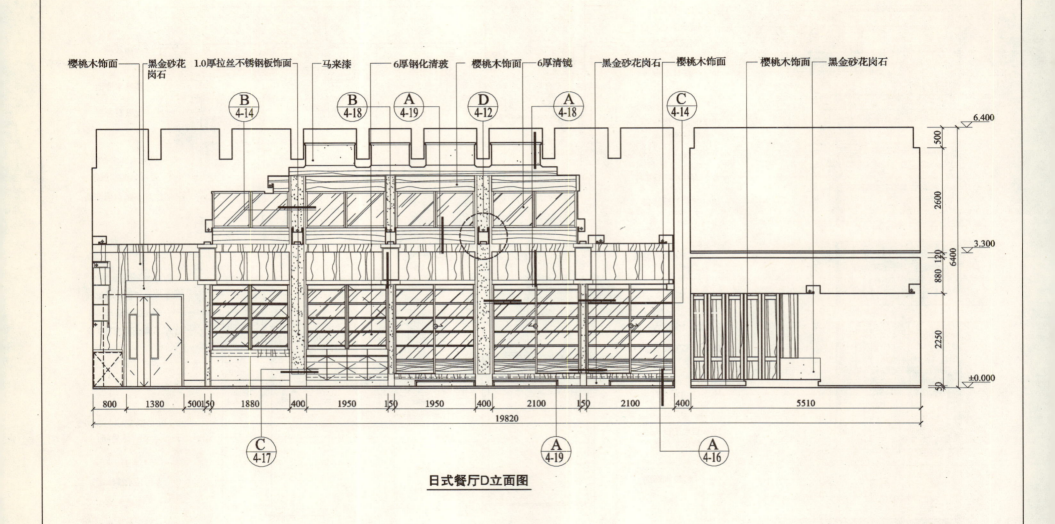

日式餐厅D立面图

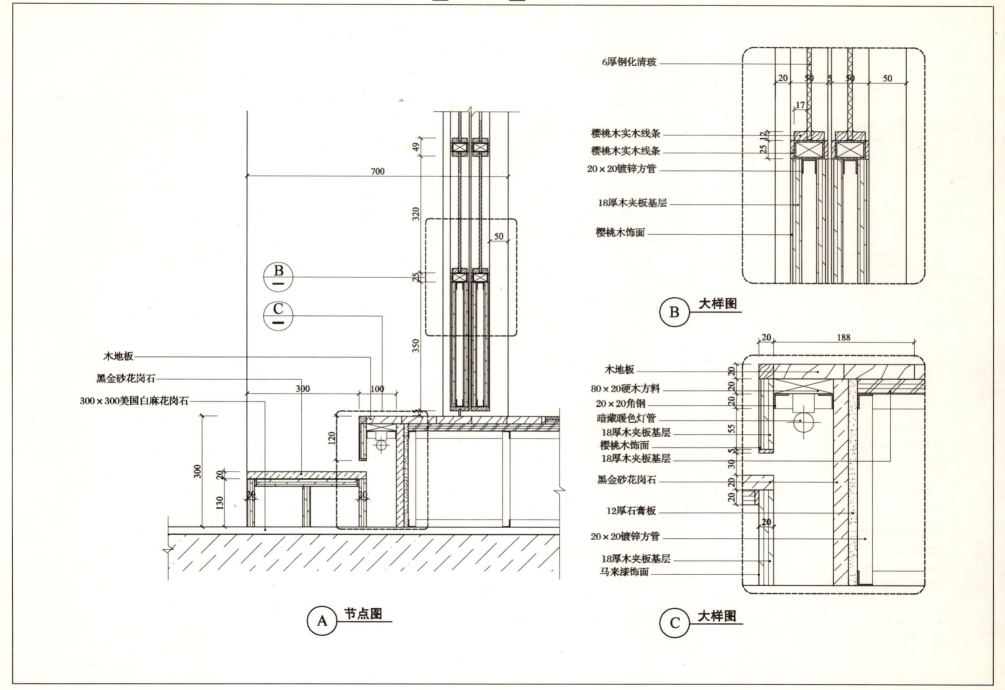

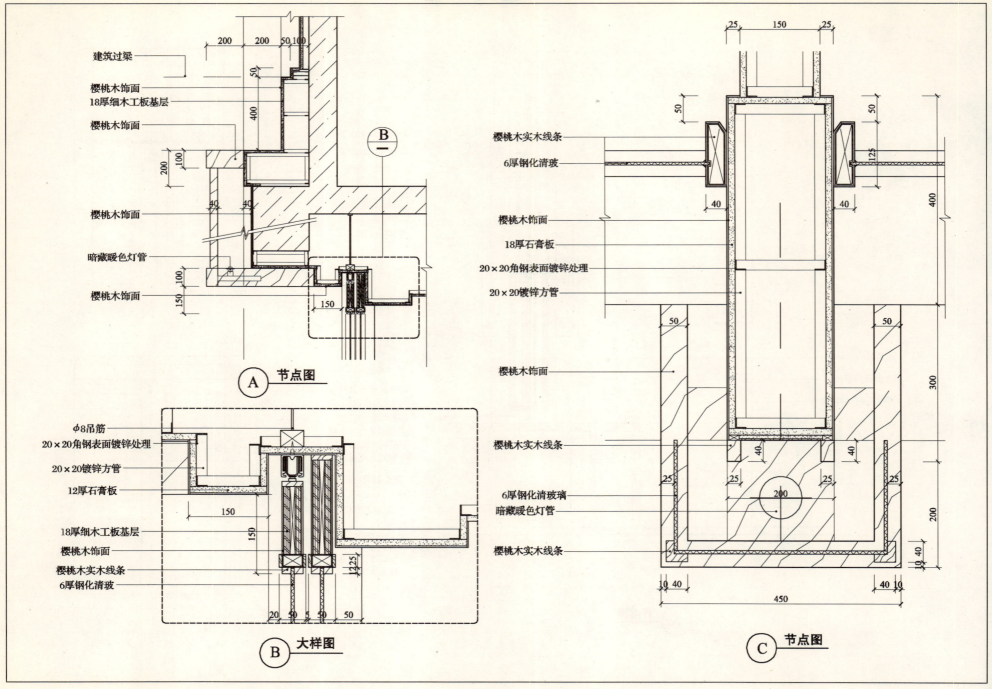

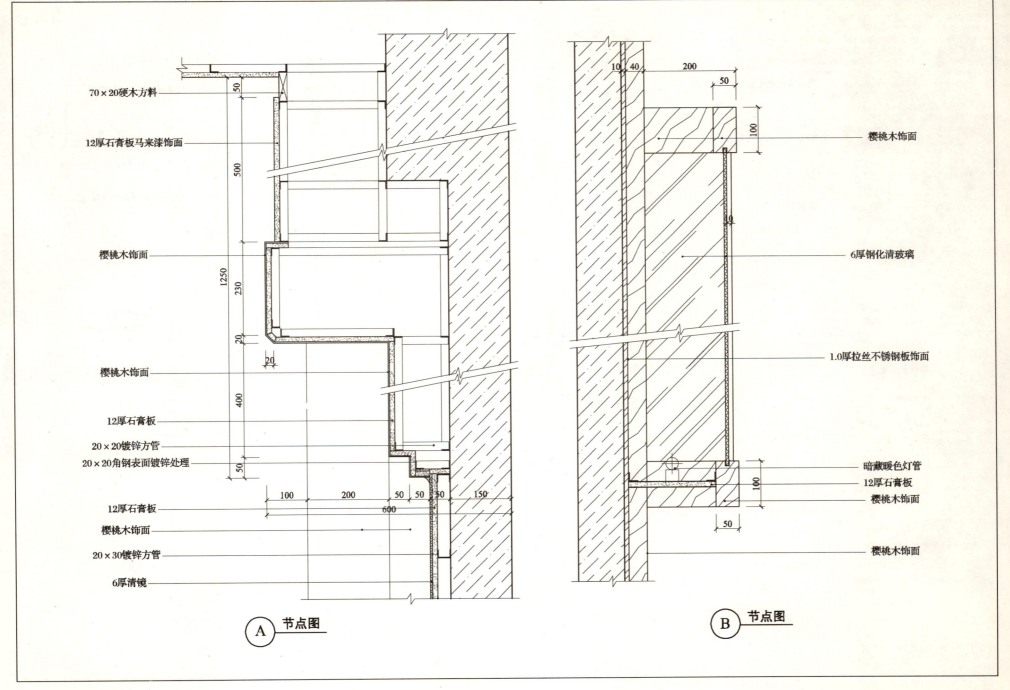

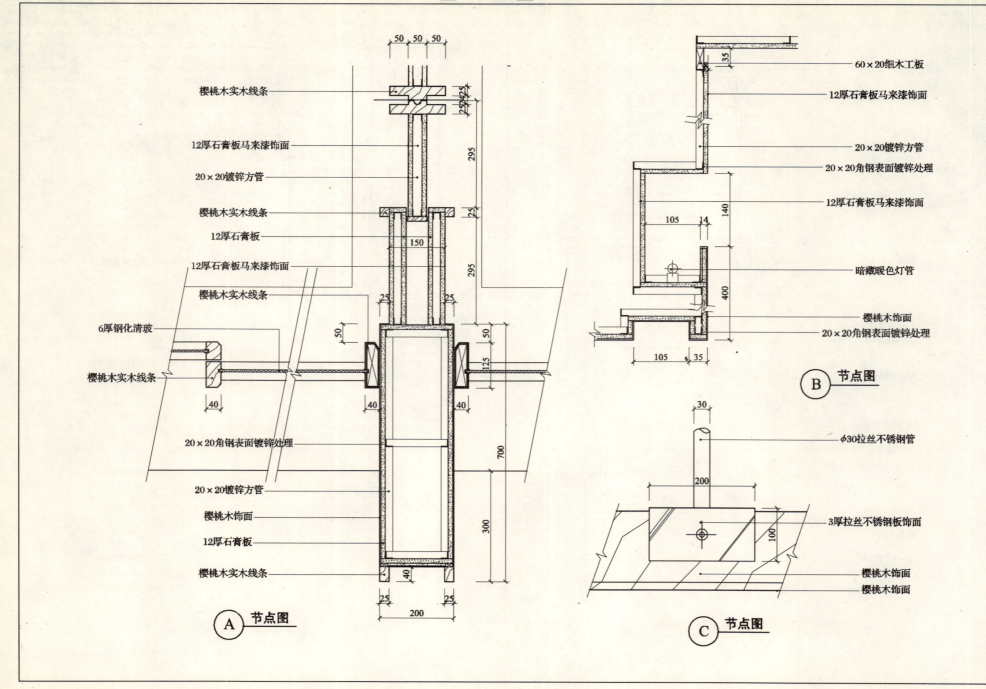

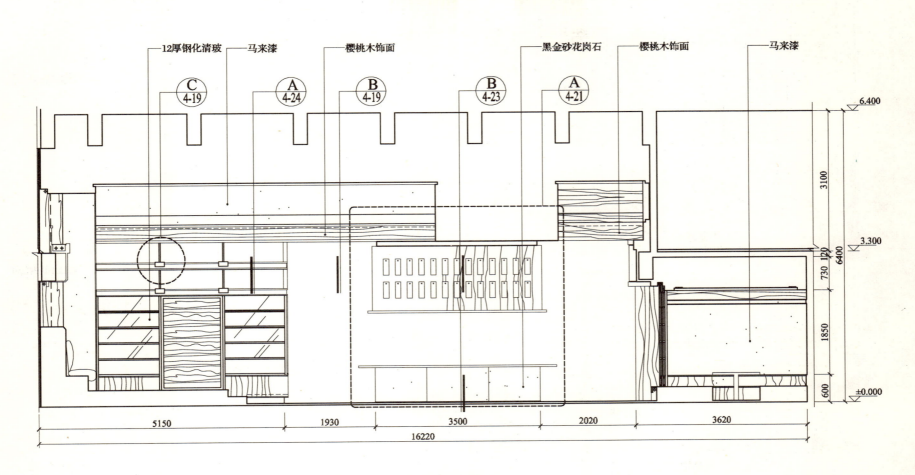

日式餐厅E立面图

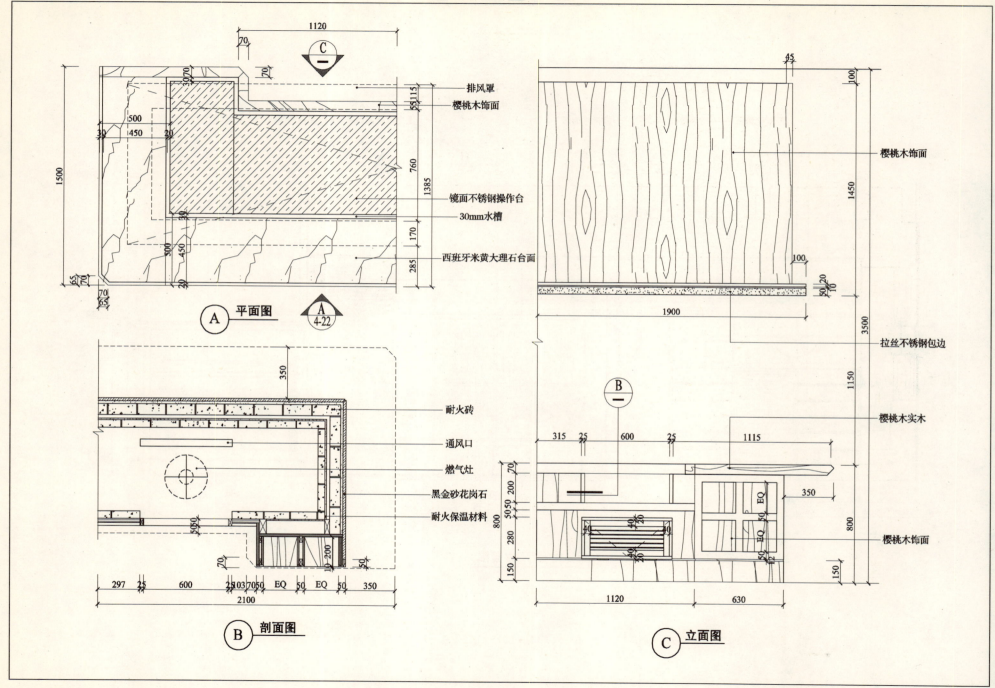

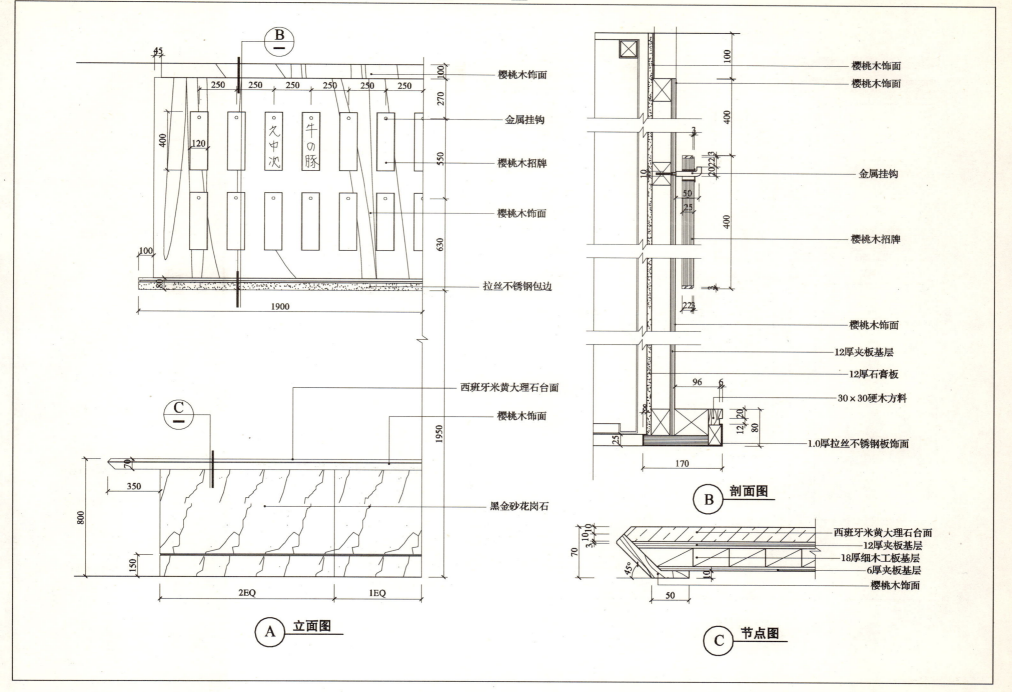

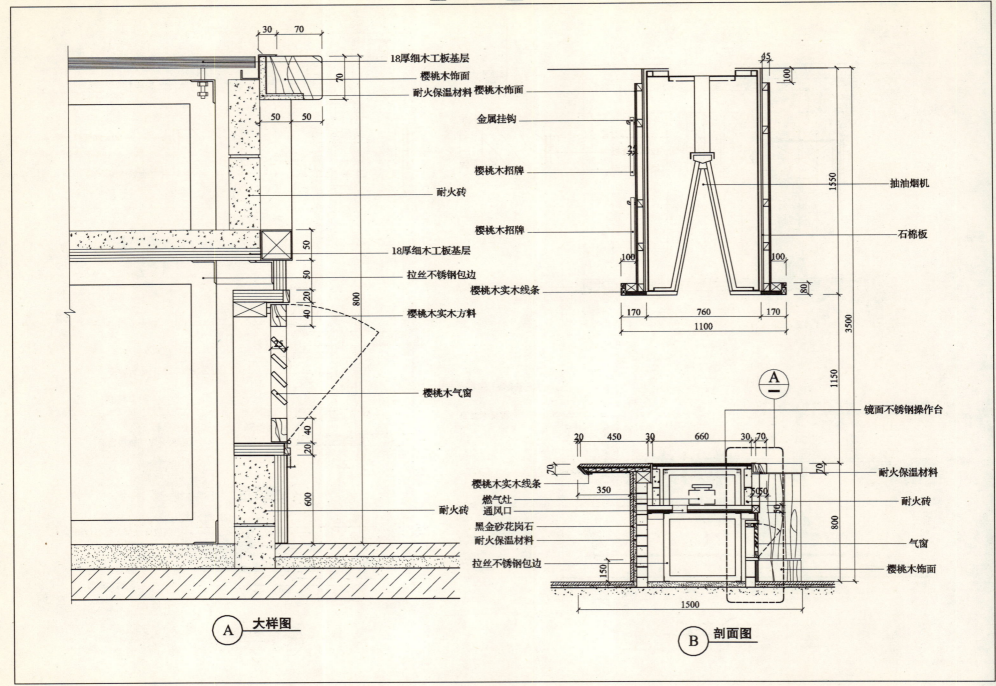

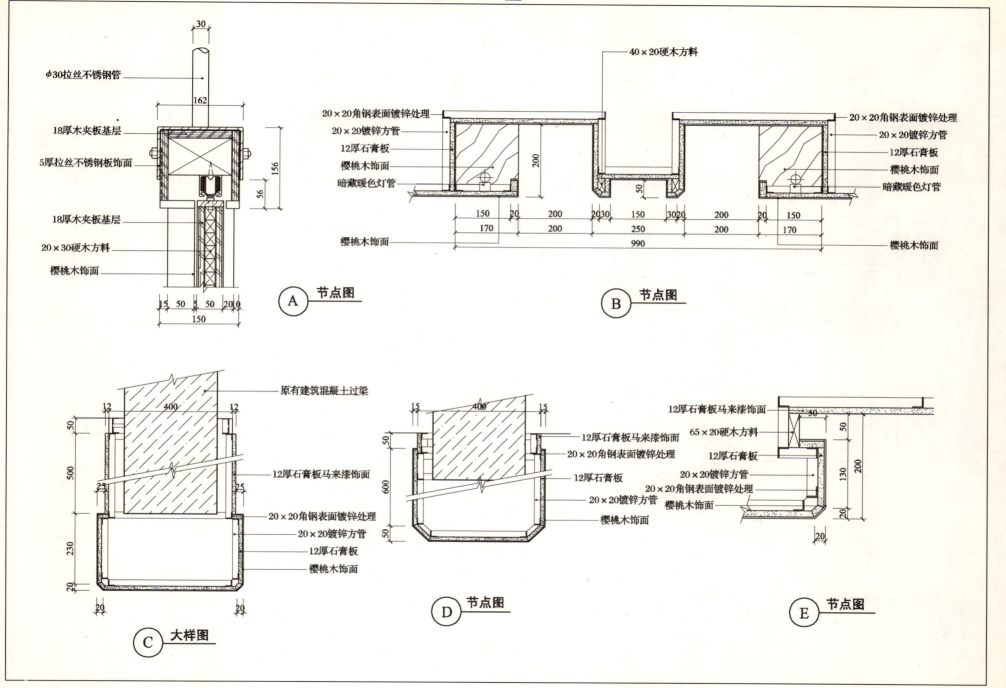

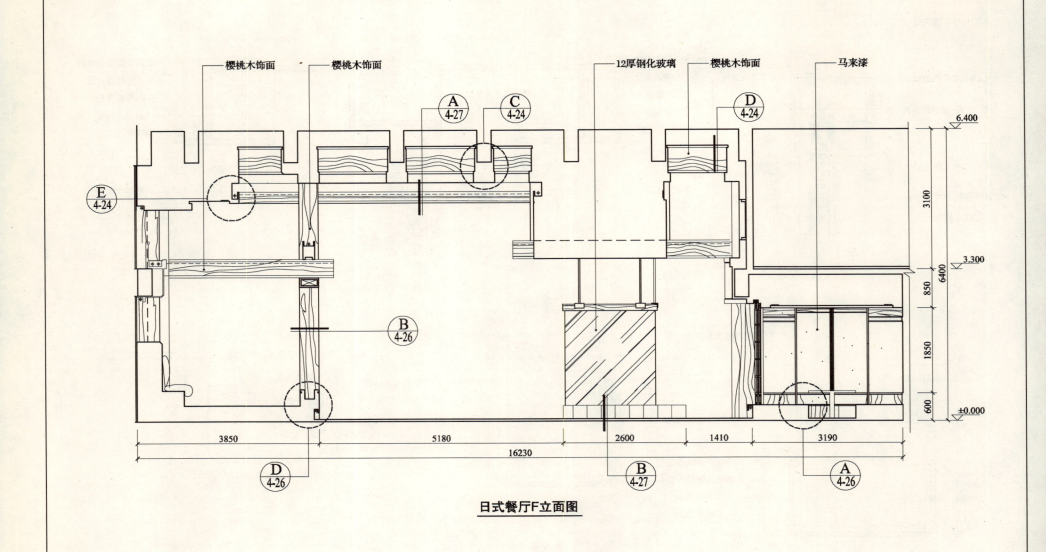

日式餐厅F立面图

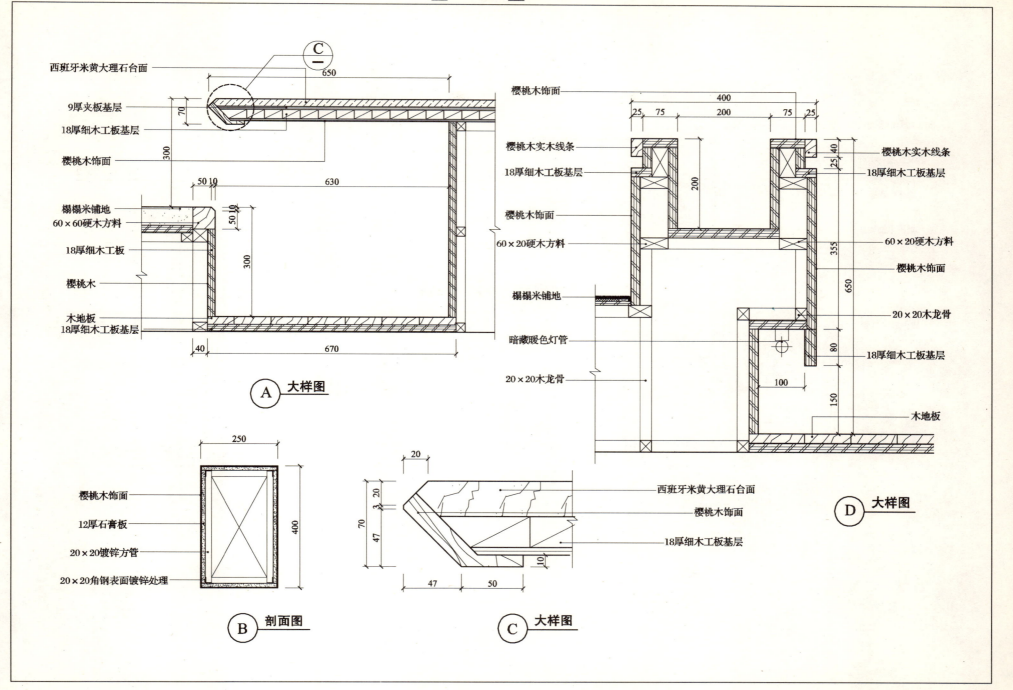

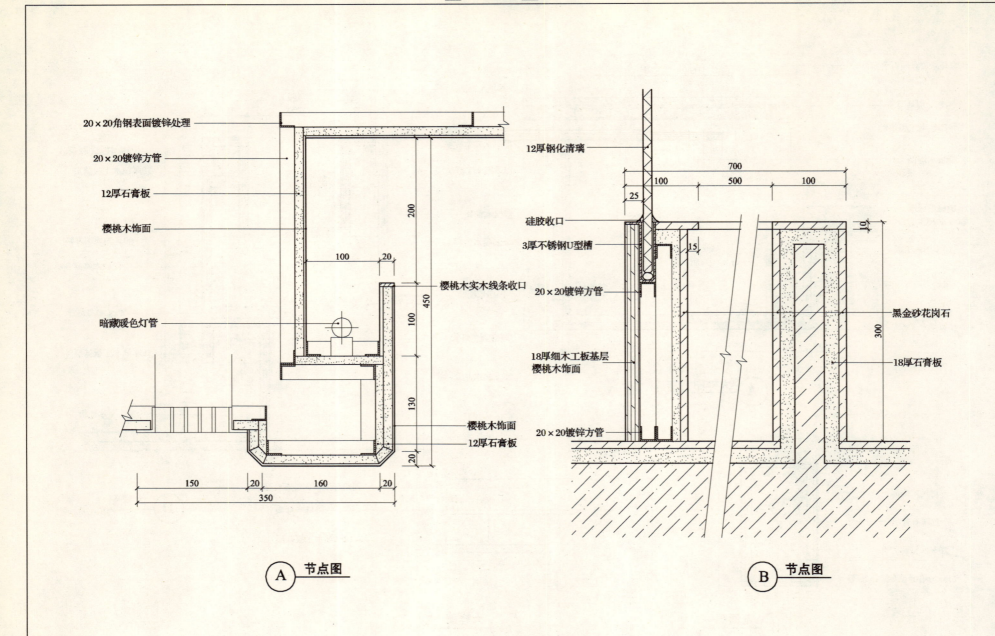

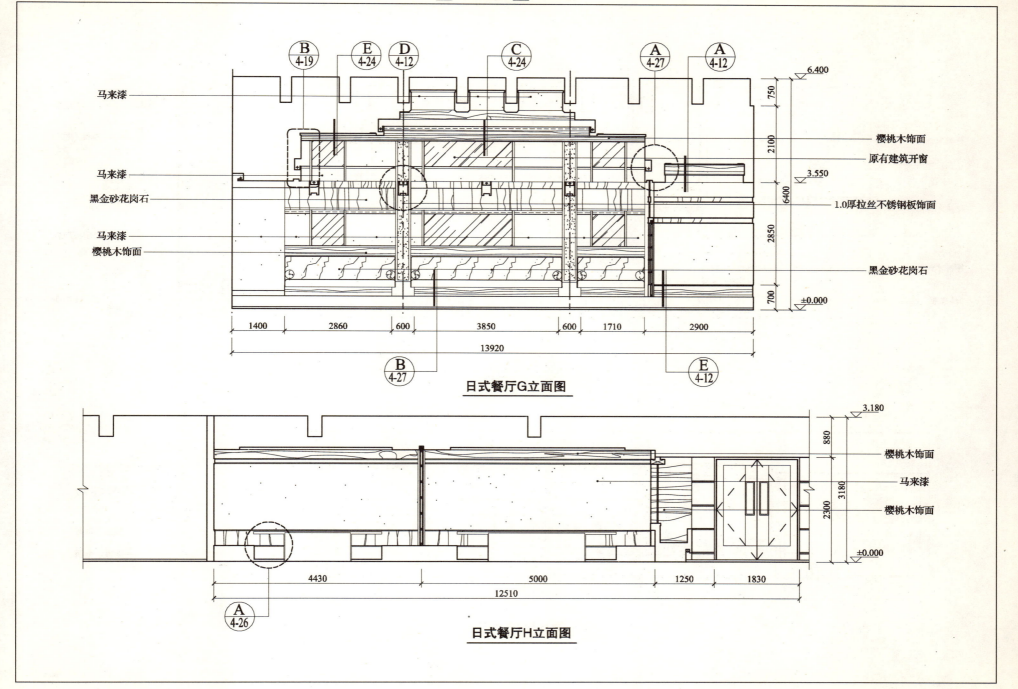

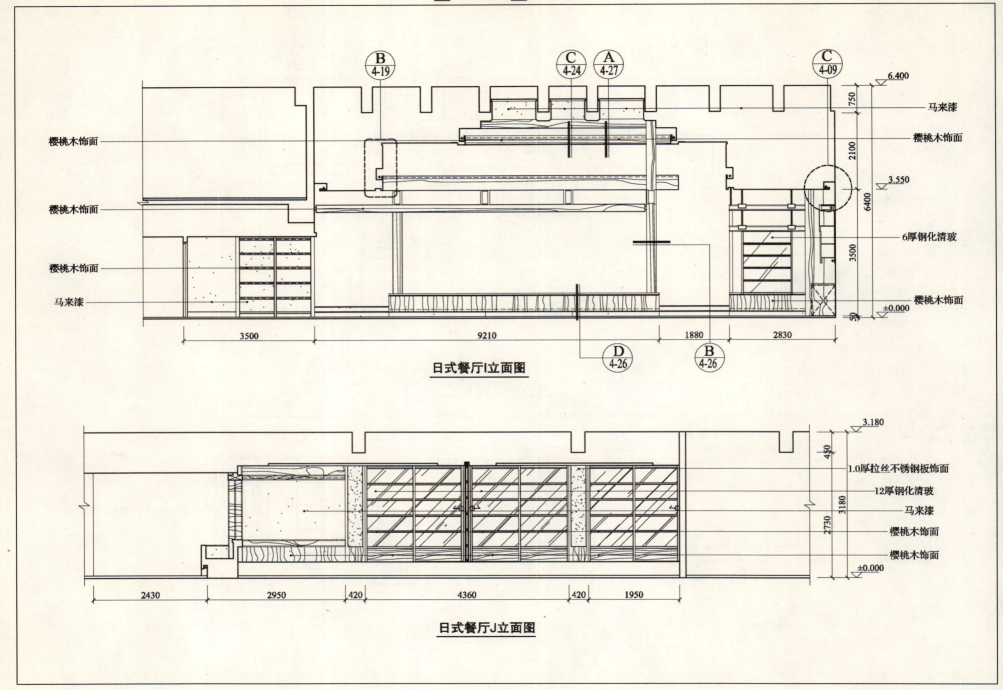

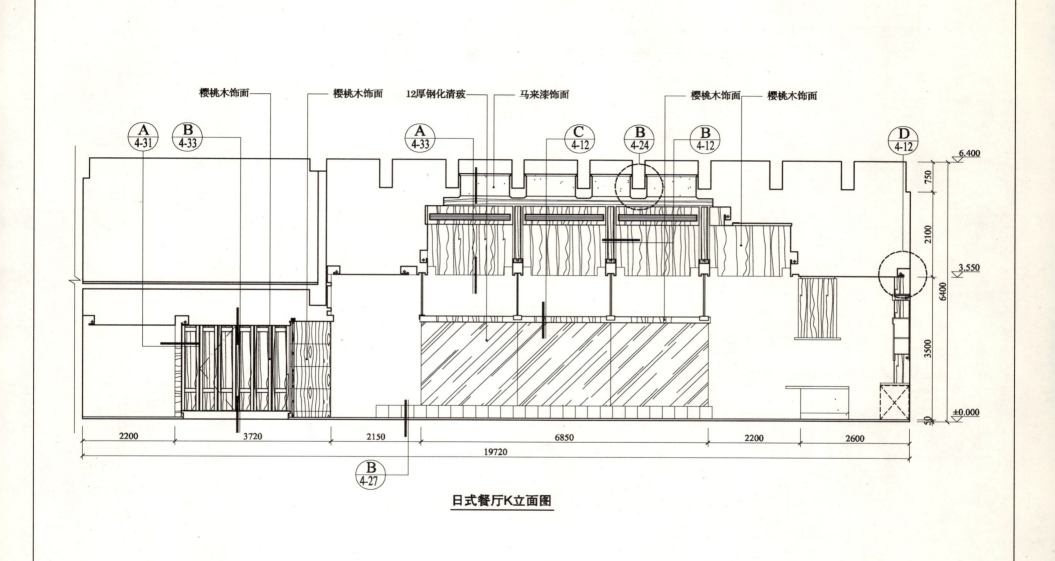

日式餐厅K立面图

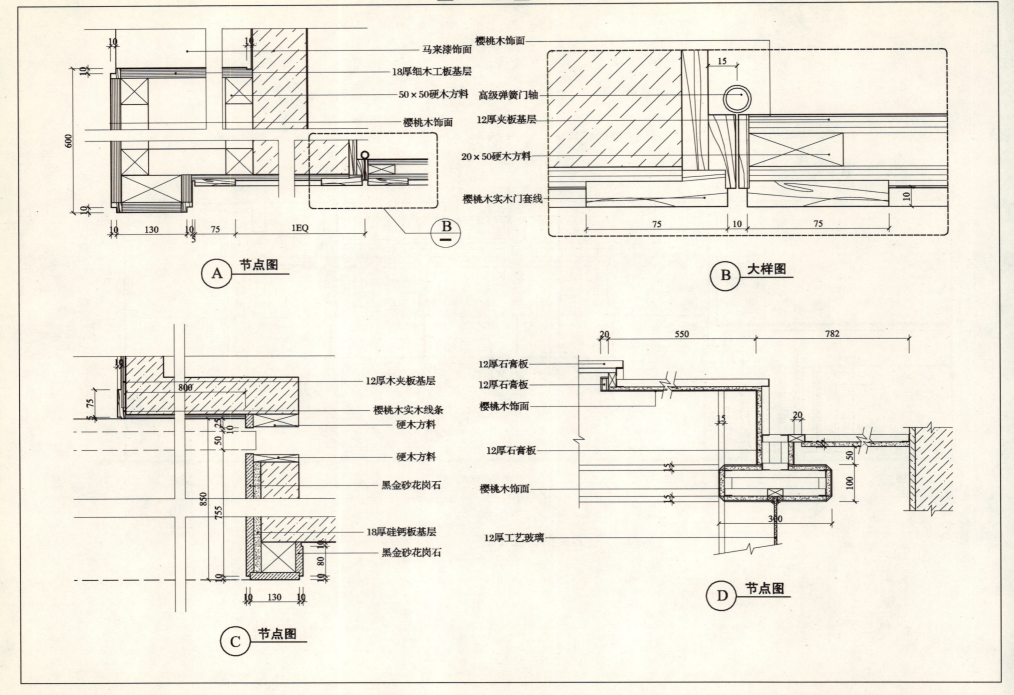

— 酒店空间 4 餐厅

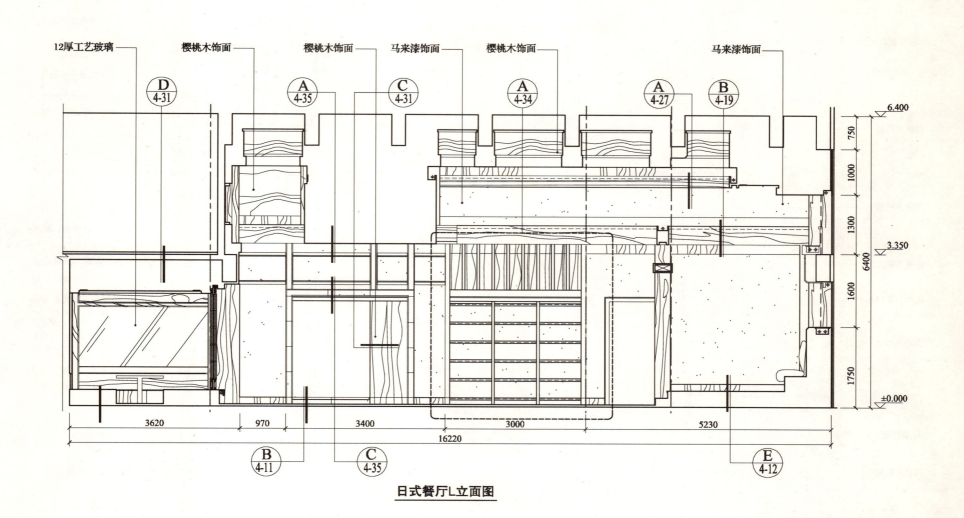

日式餐厅L立面图

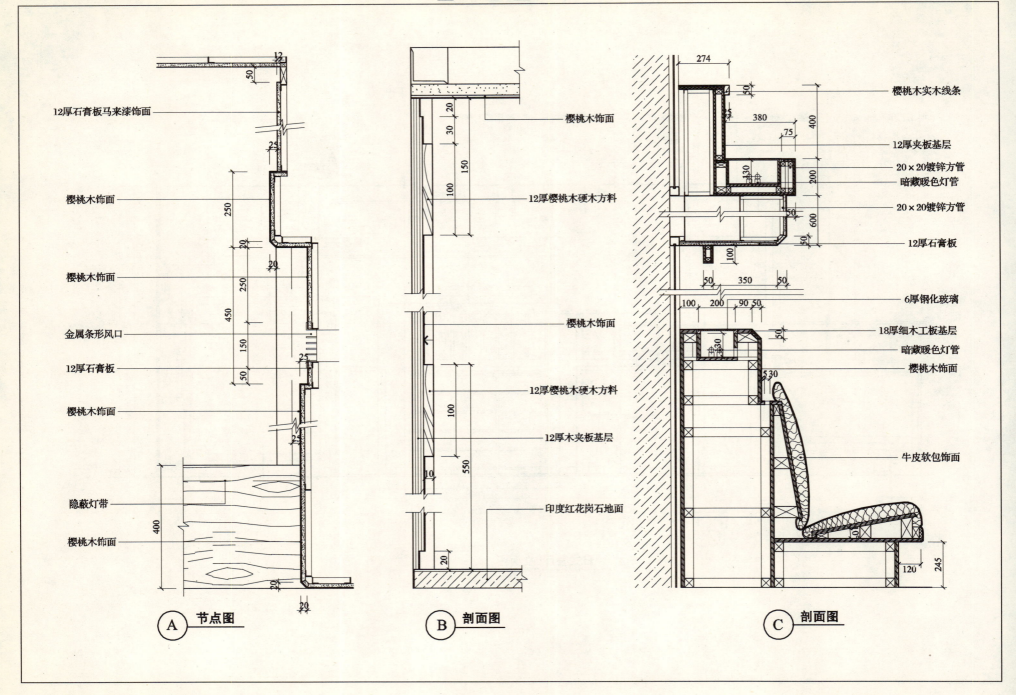

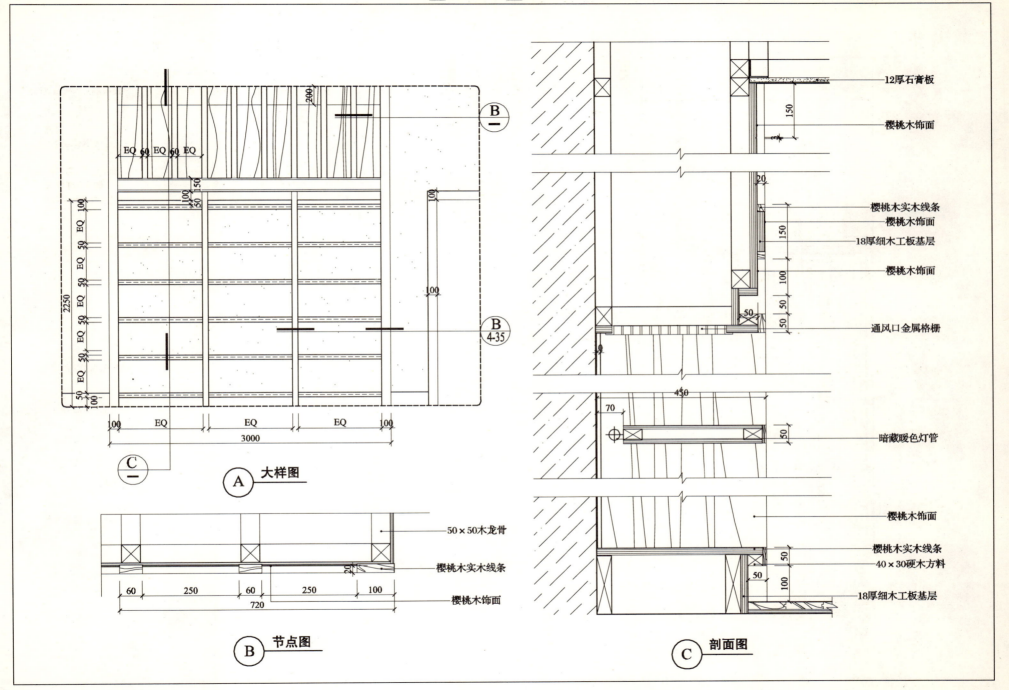

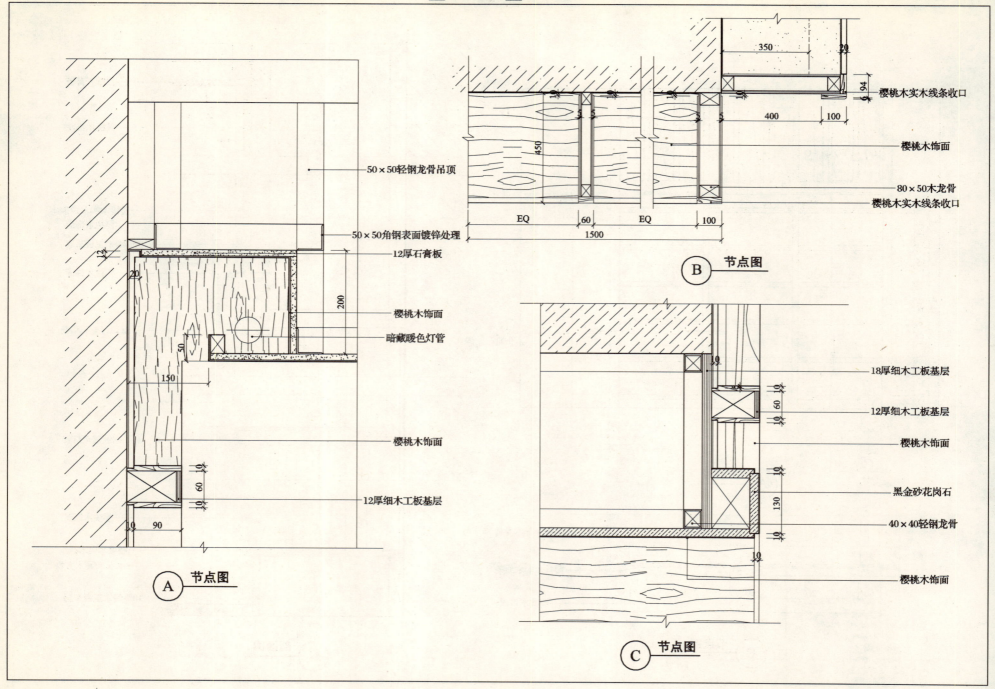

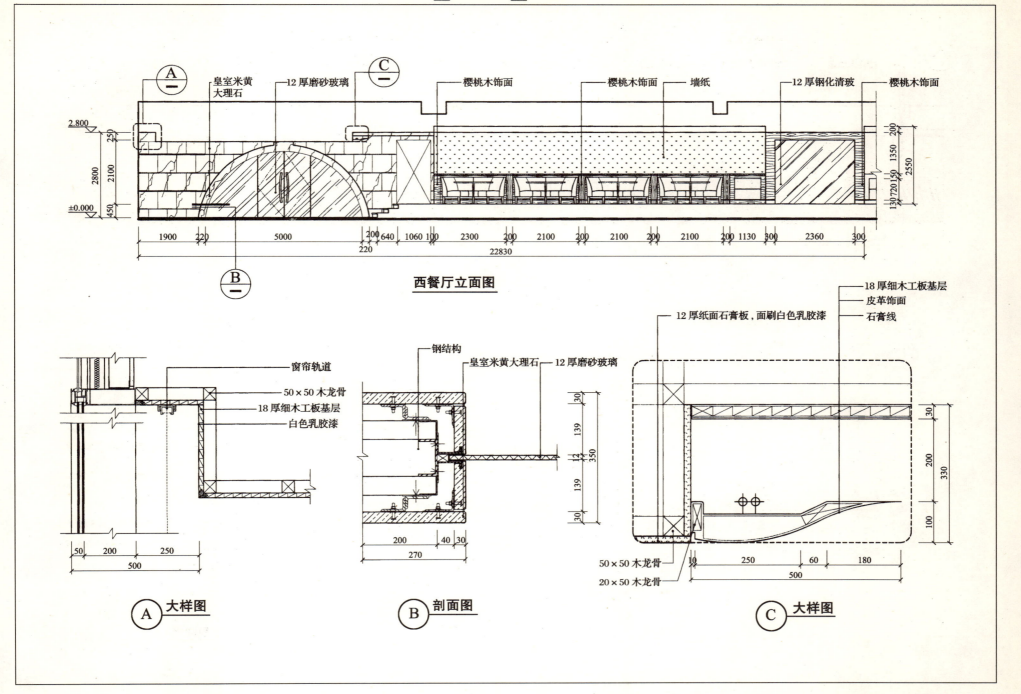

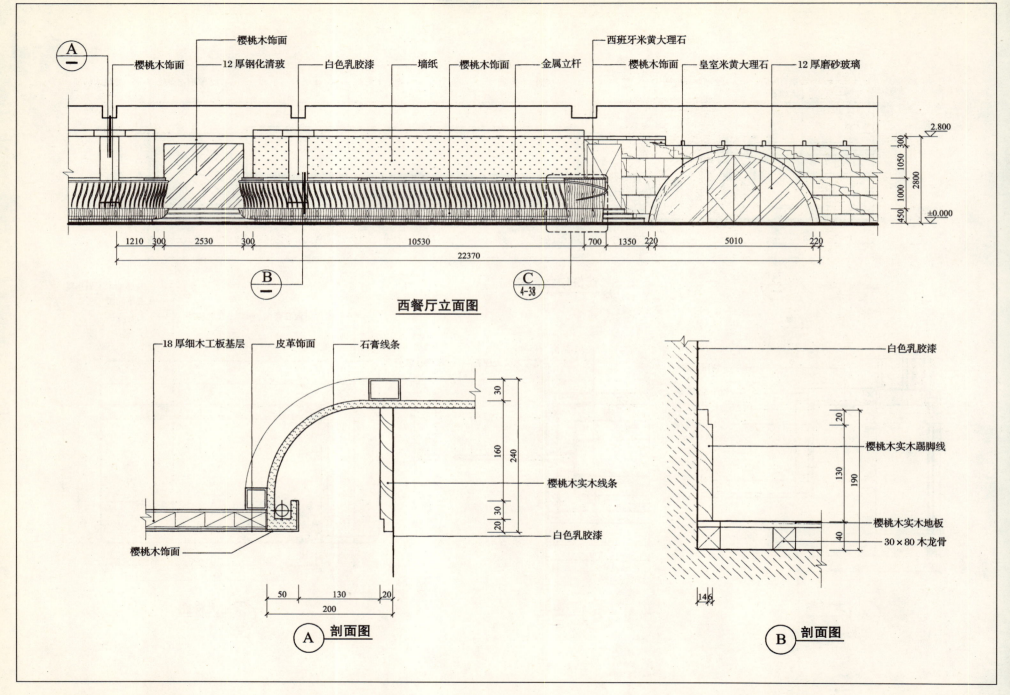

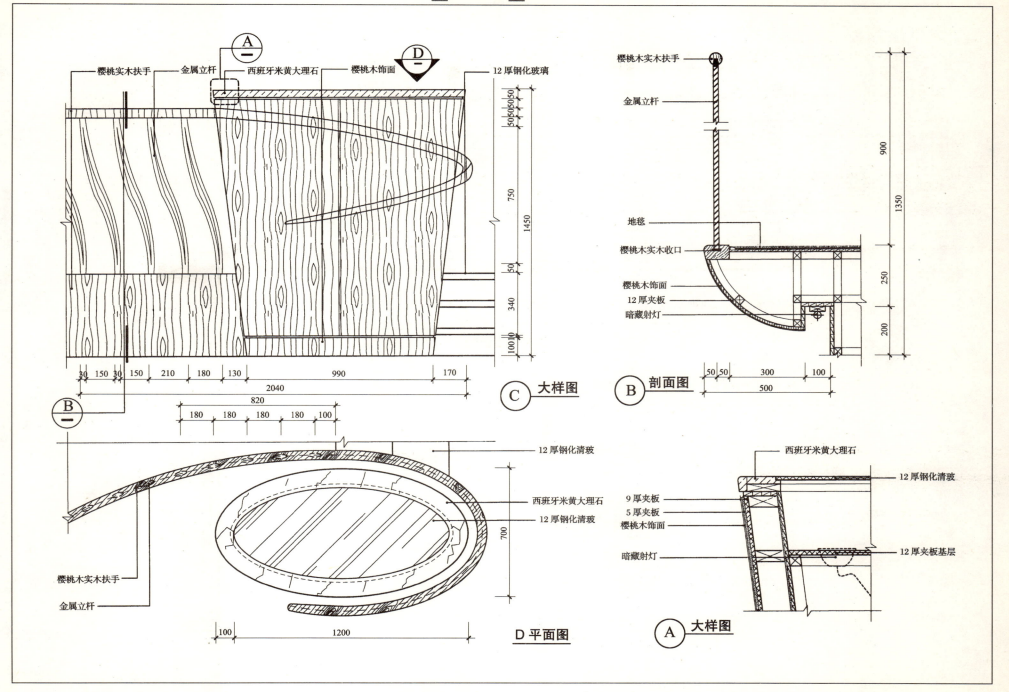

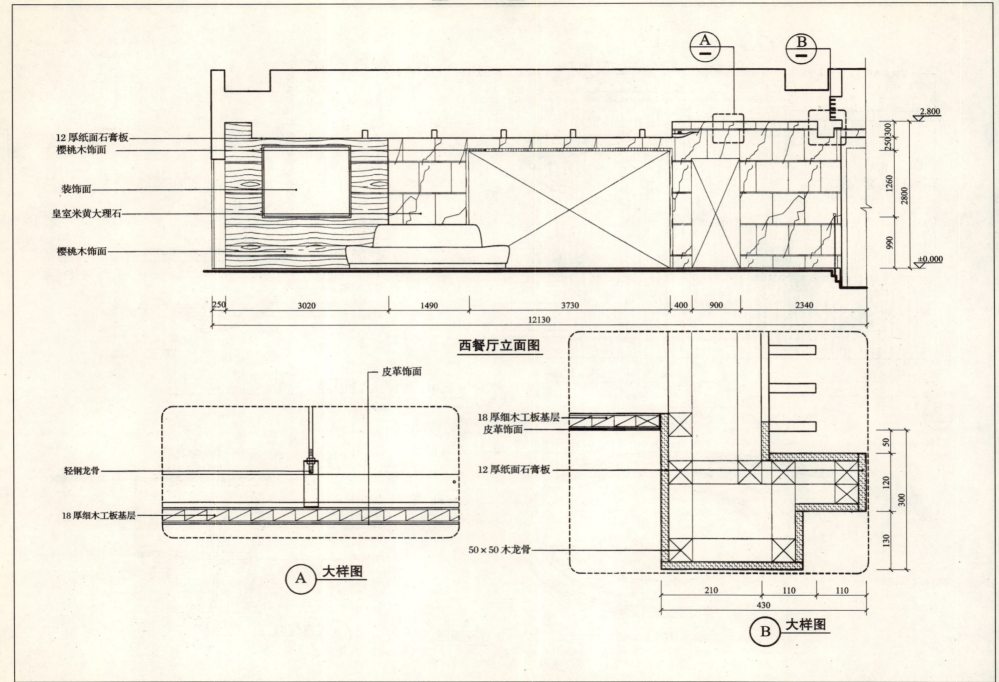

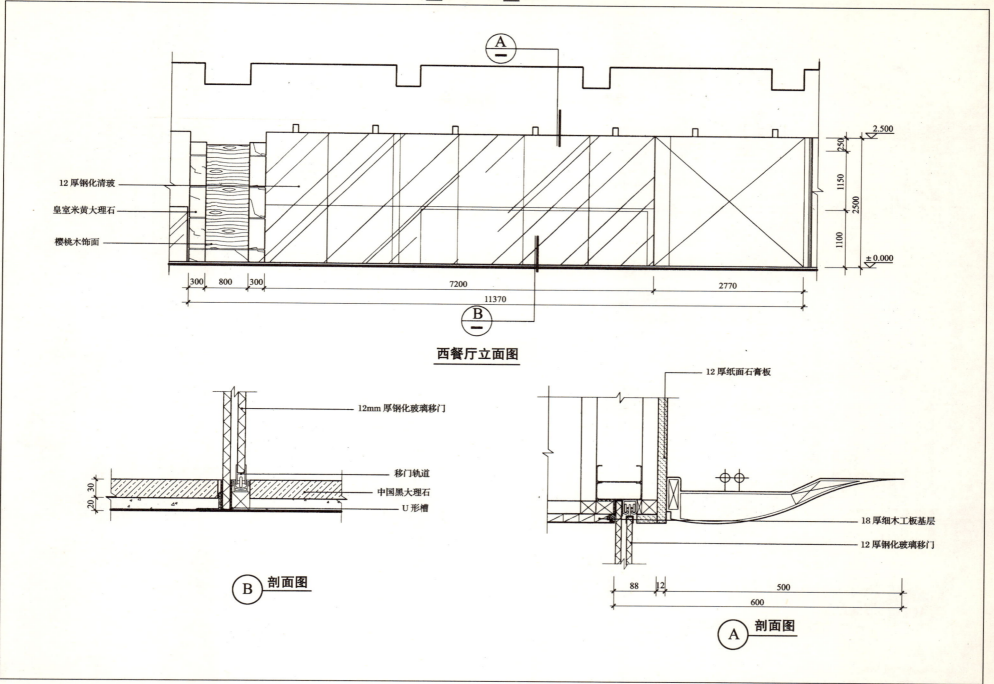

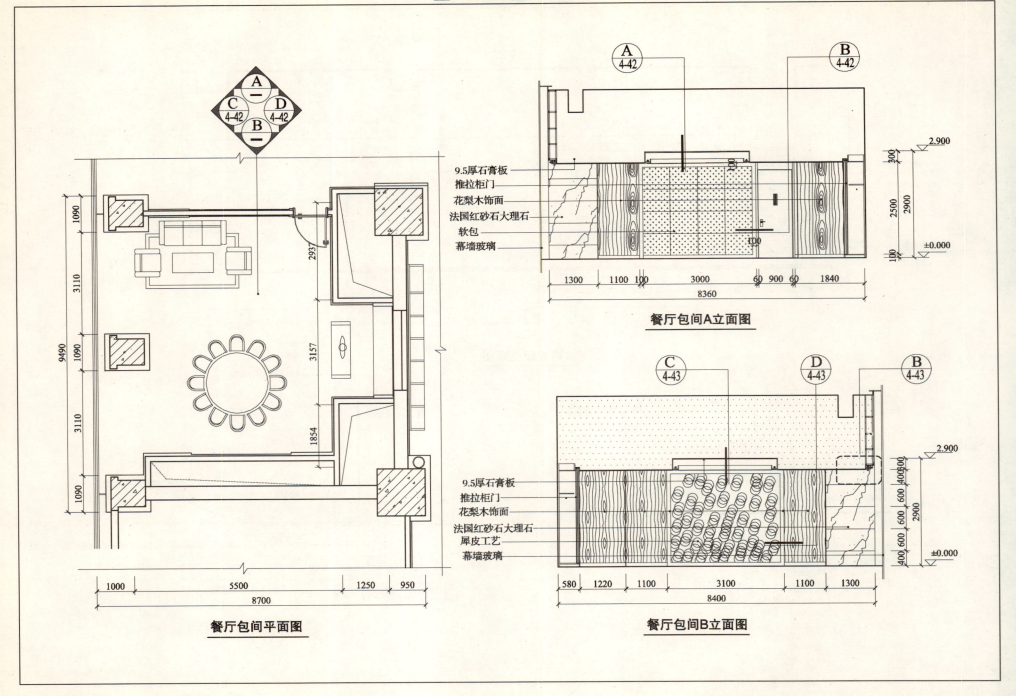

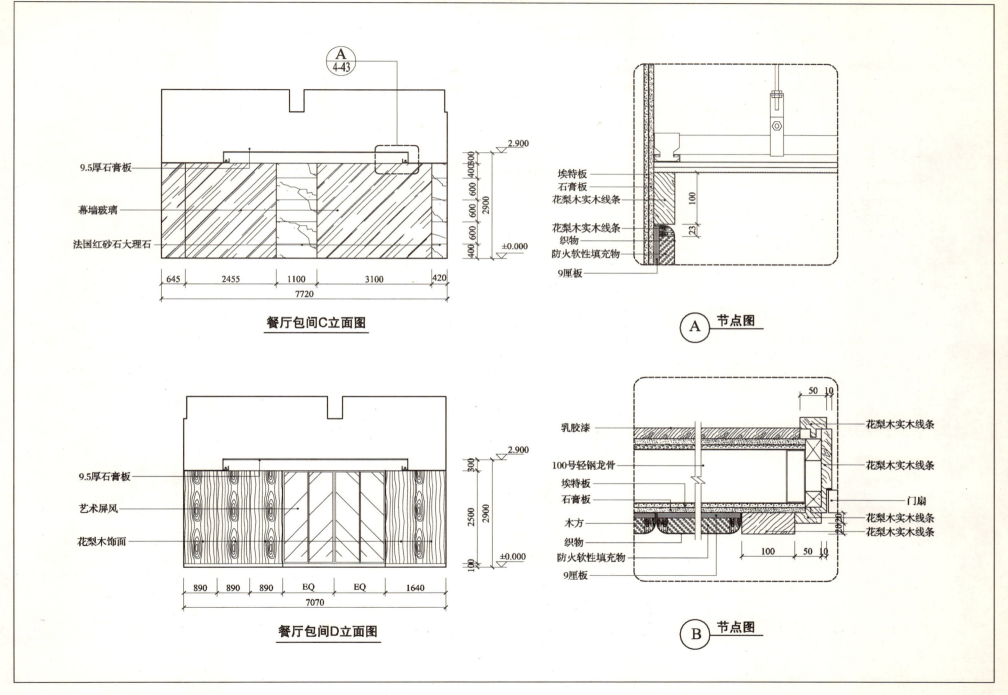

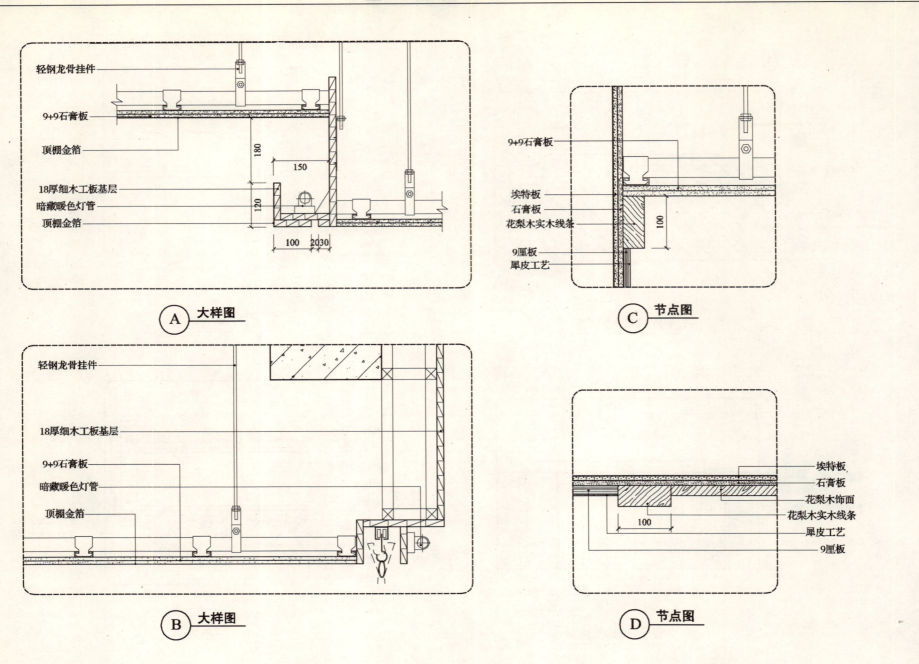

酒店空间 5 宴会厅

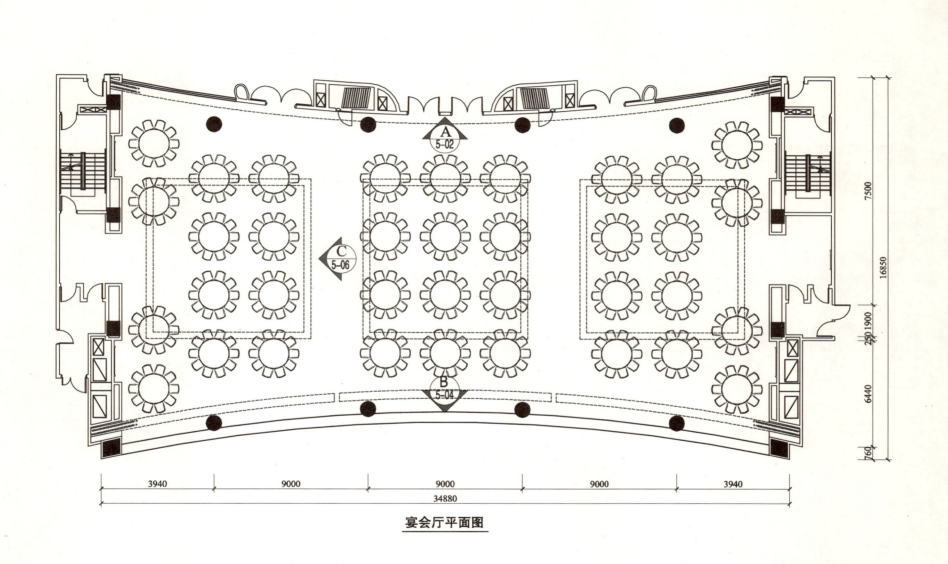

宴会厅平面图

酒店空间 5 宴会厅

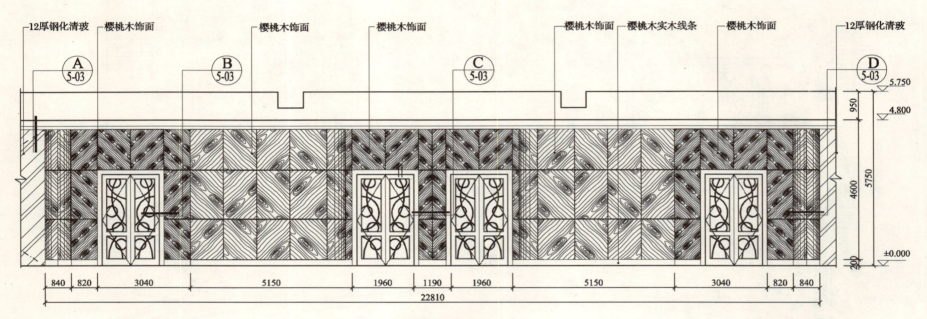

宴会厅A立面图

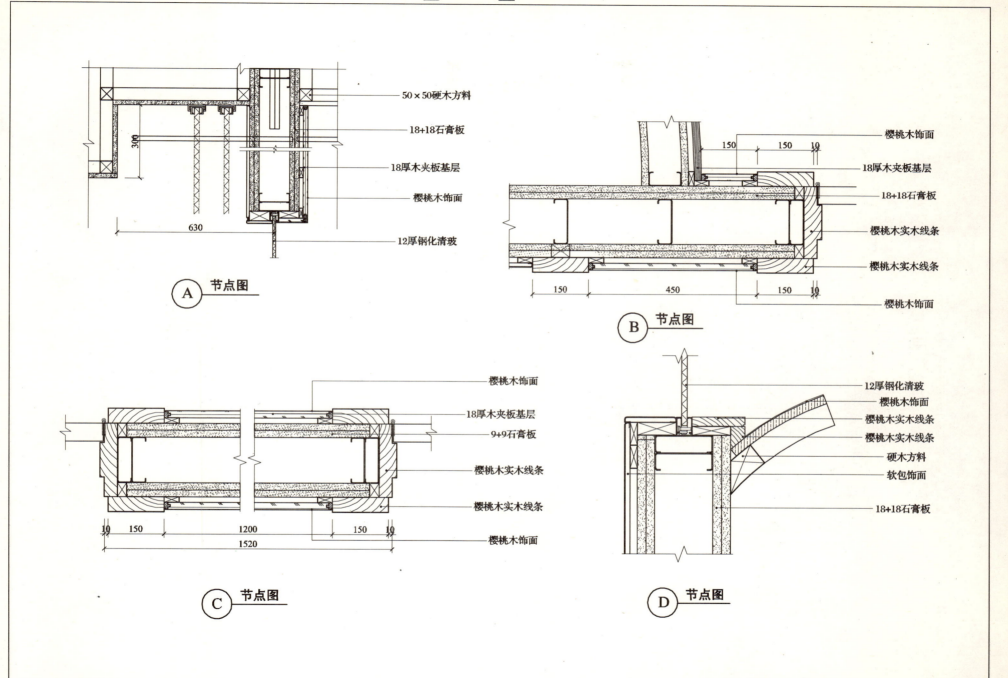

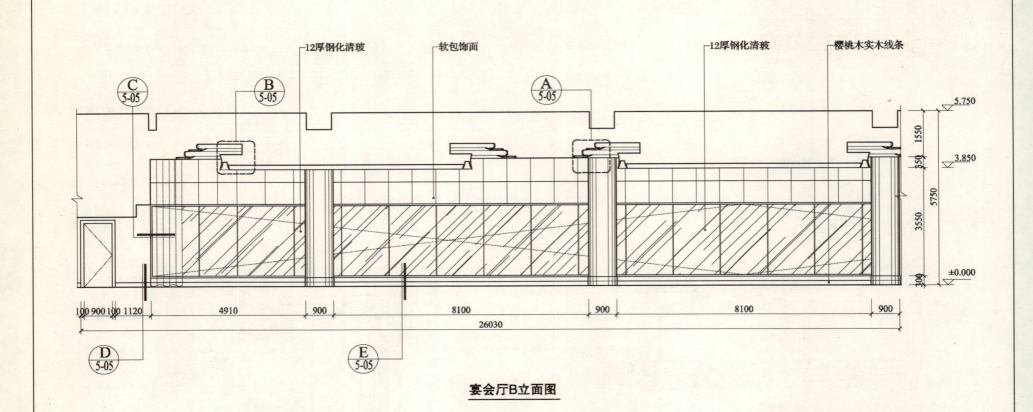

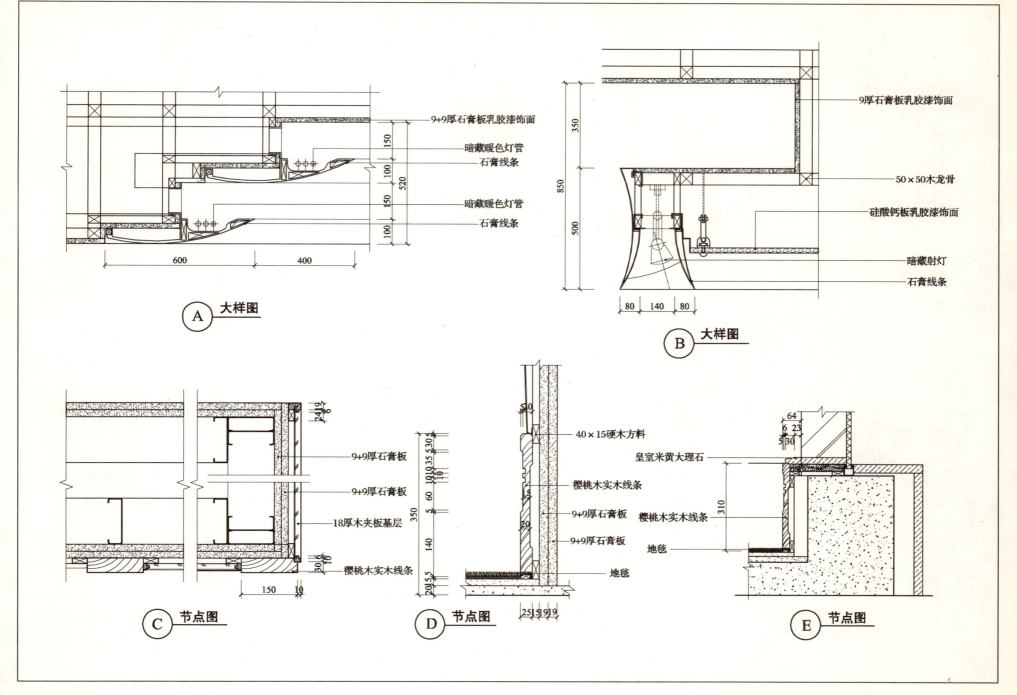

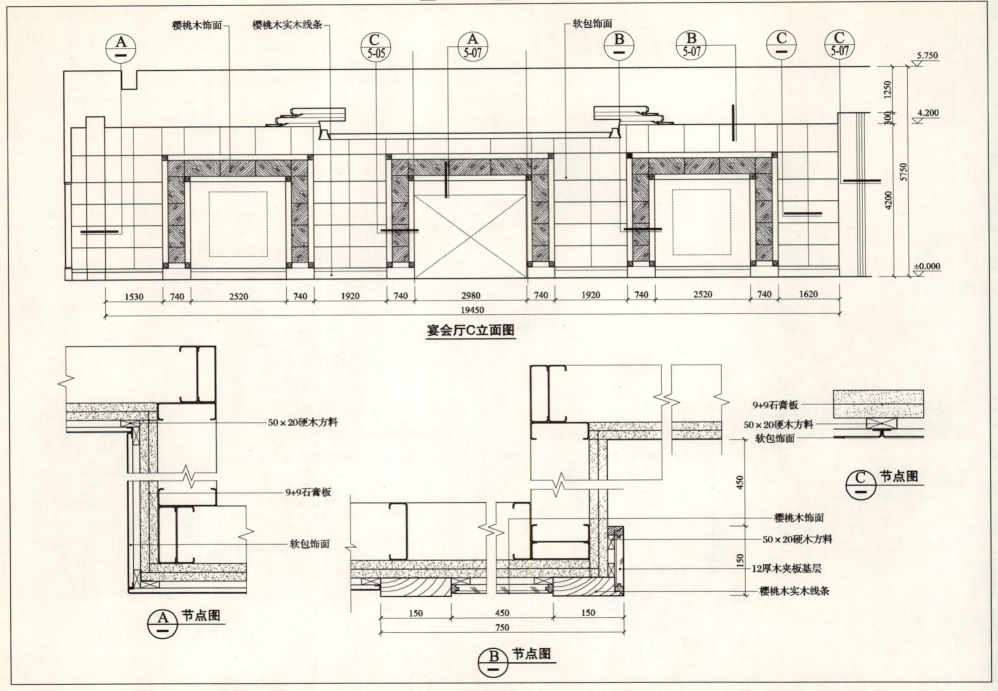

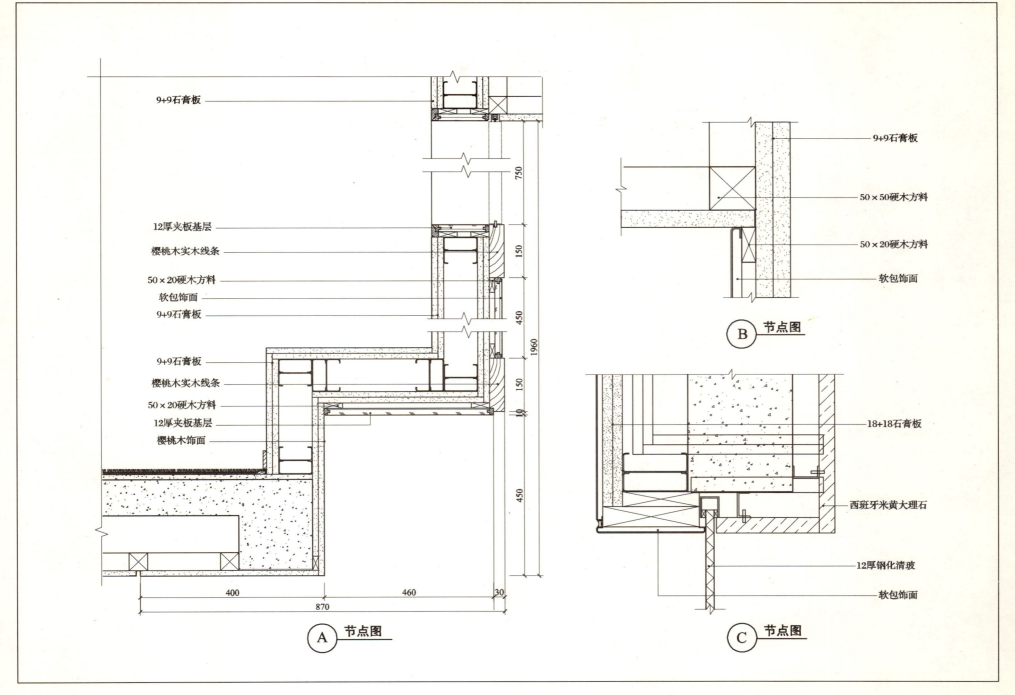

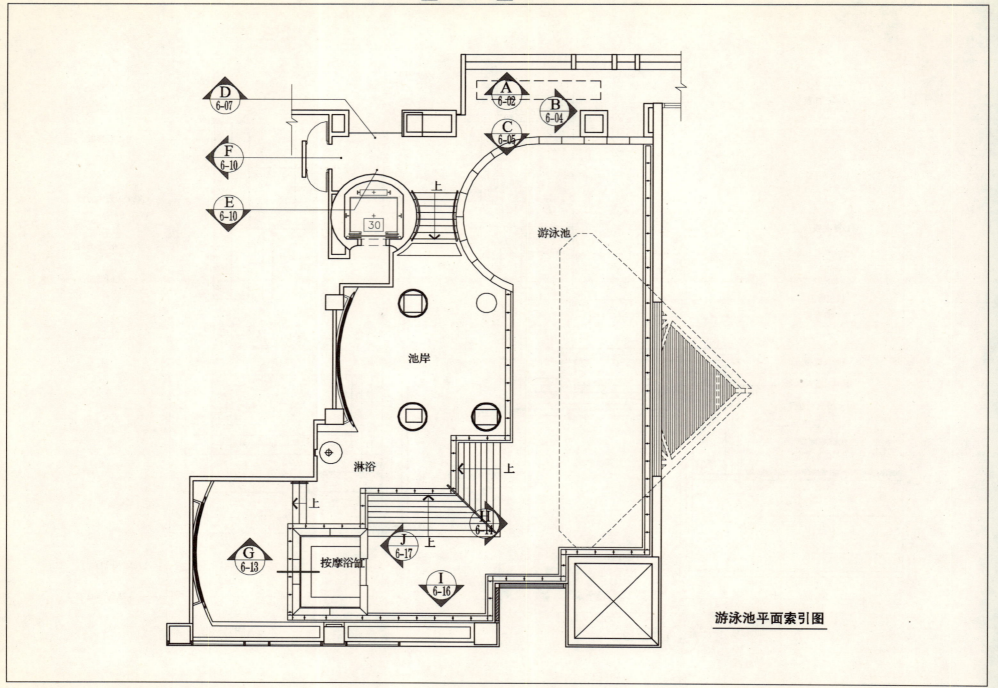

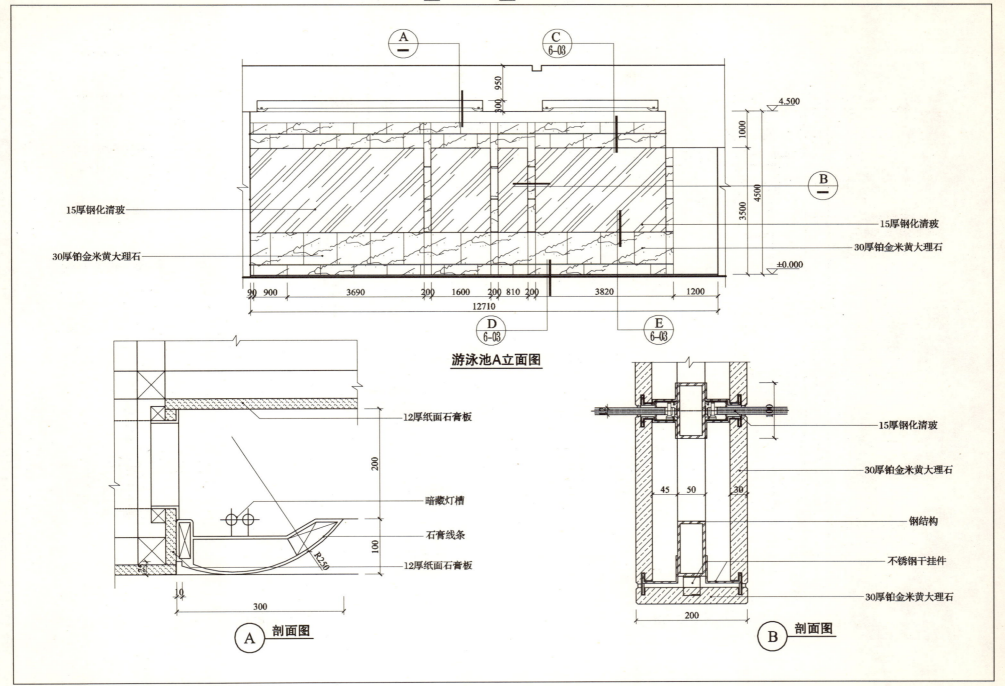

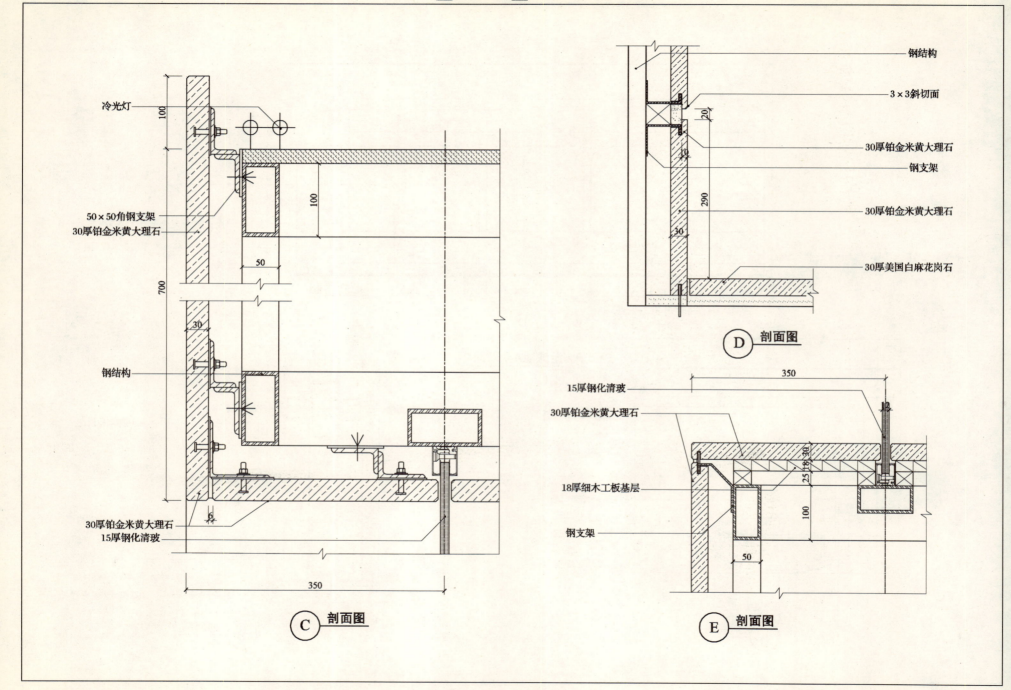

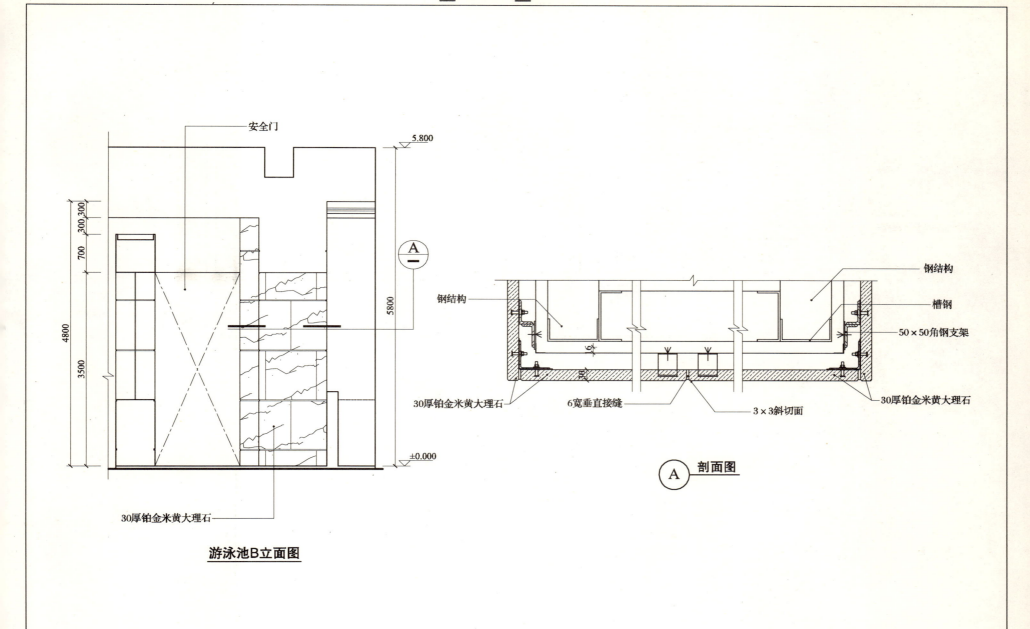

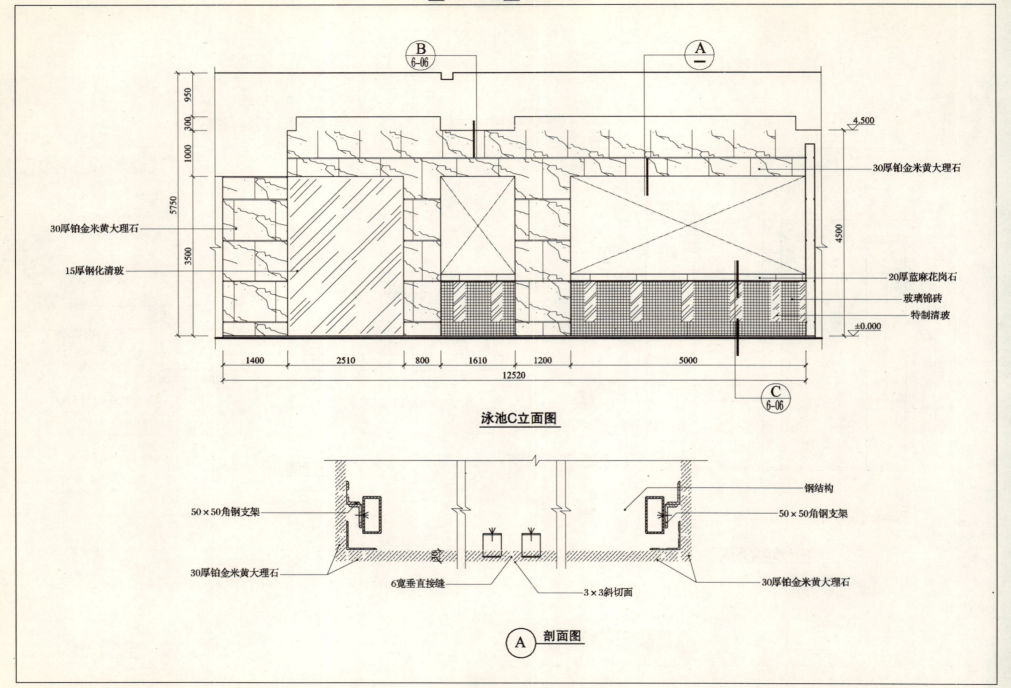

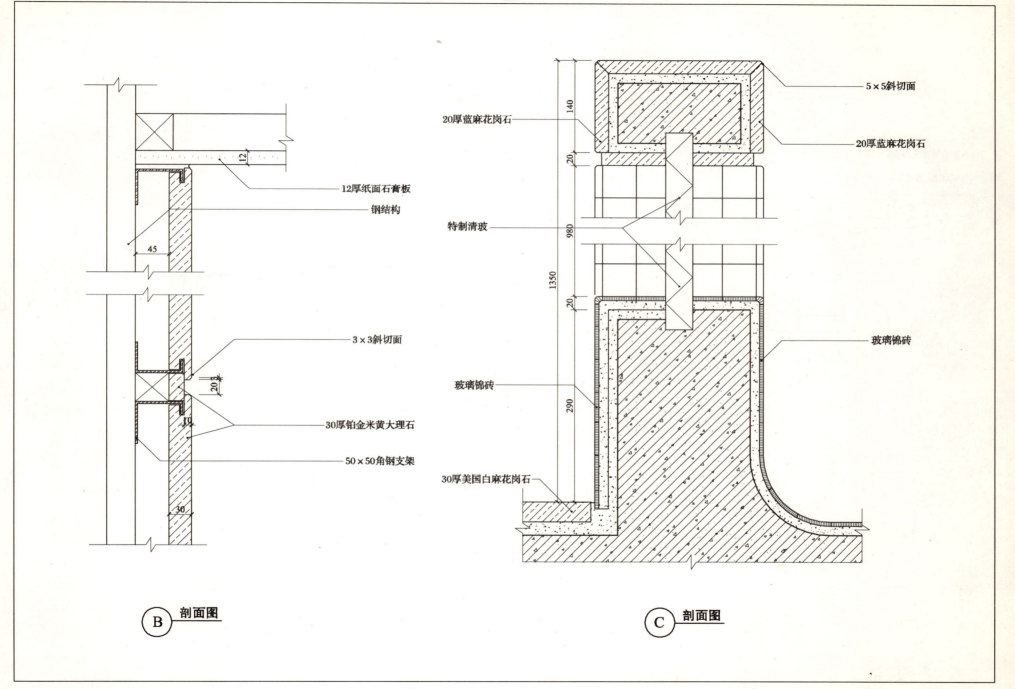

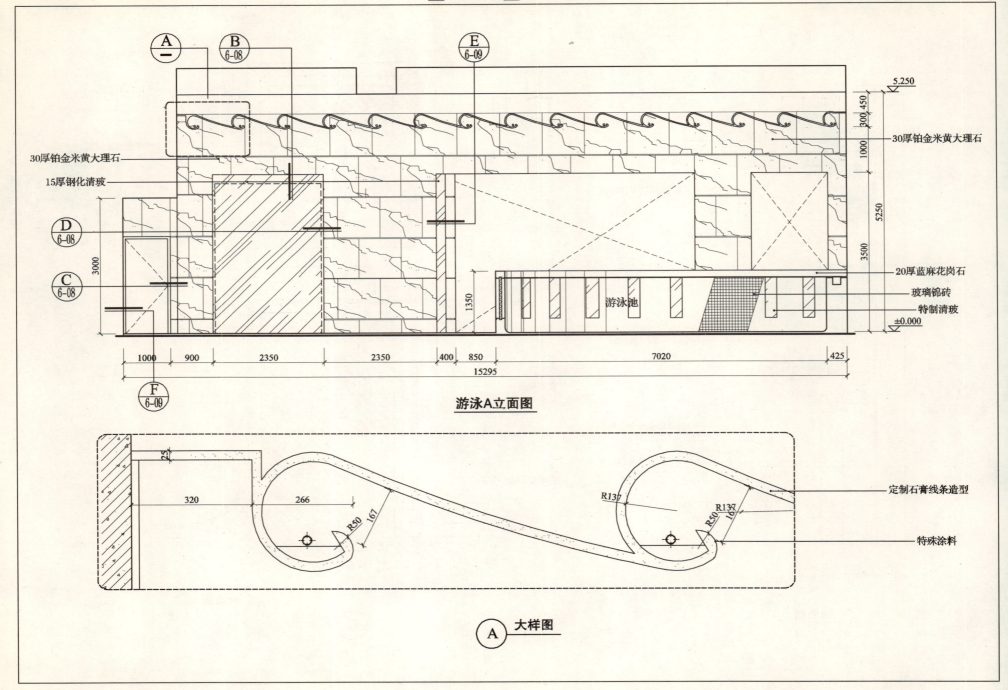

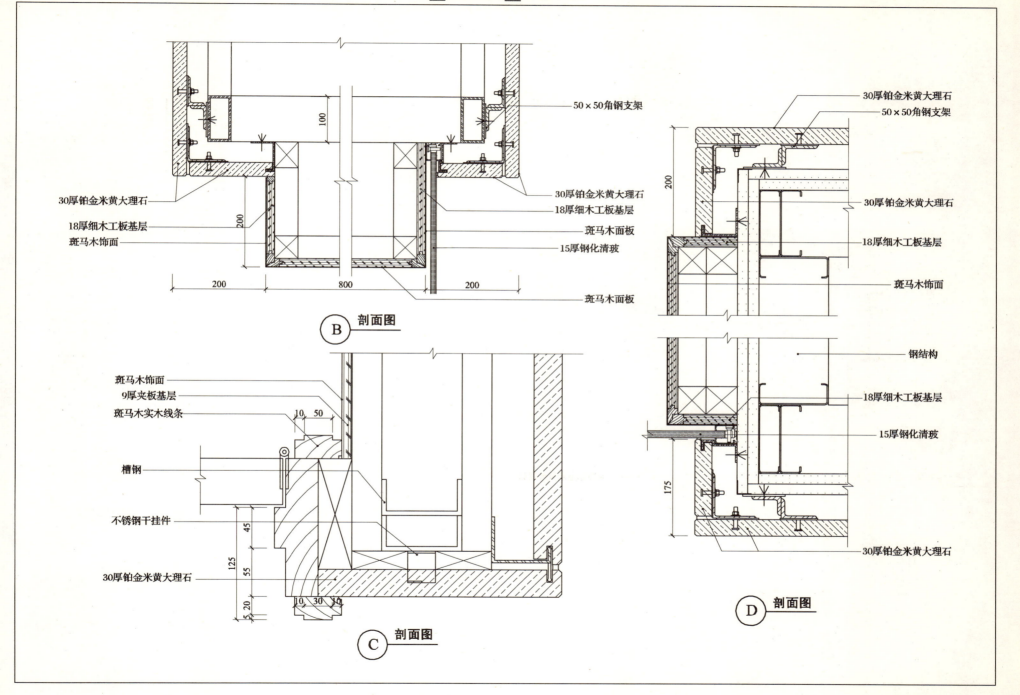

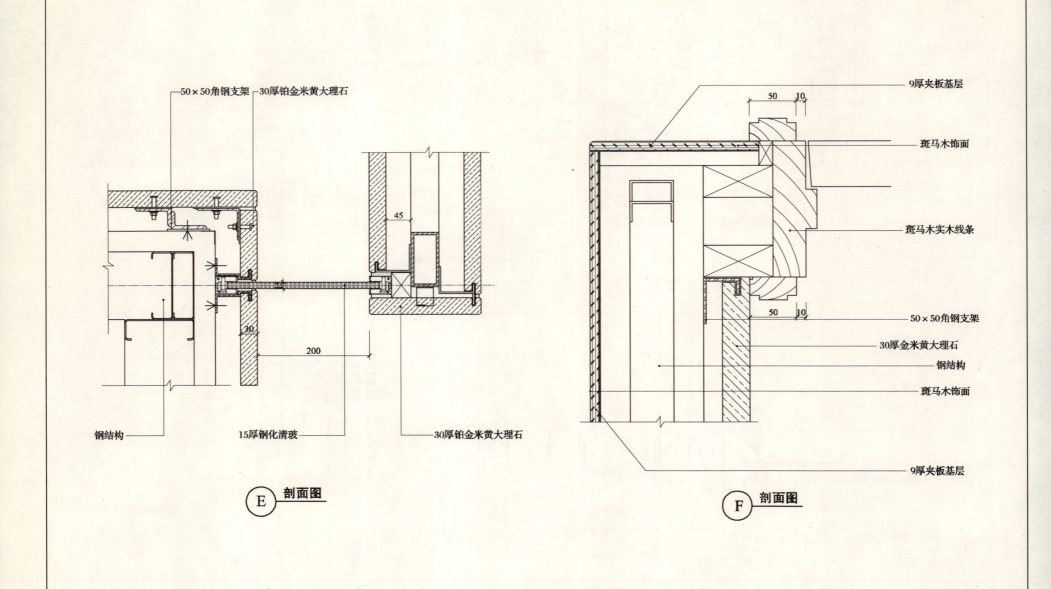

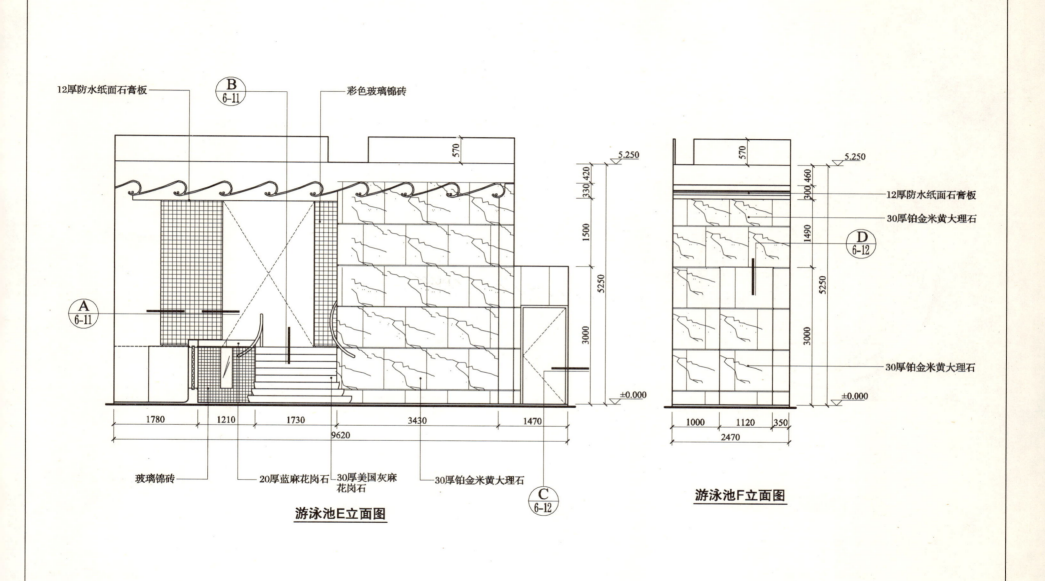

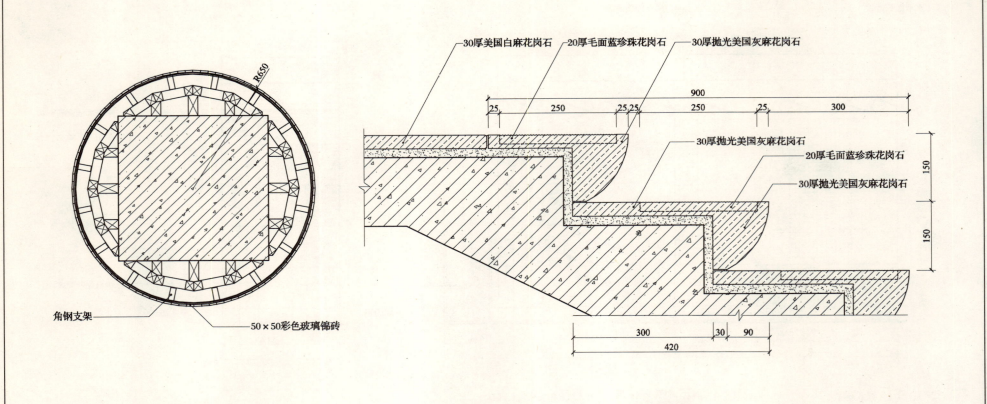

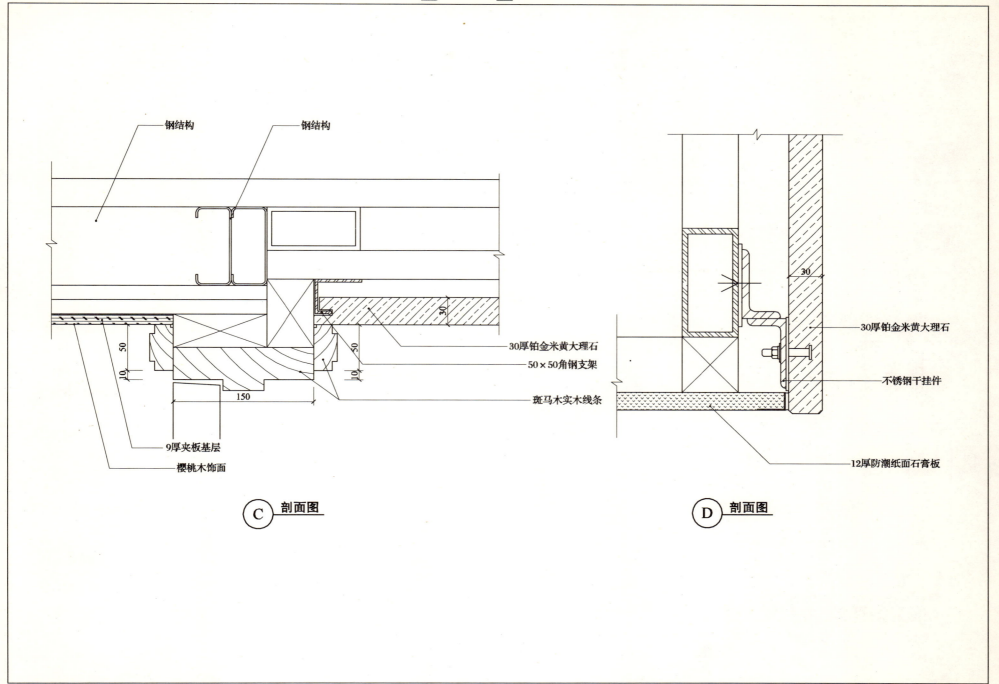

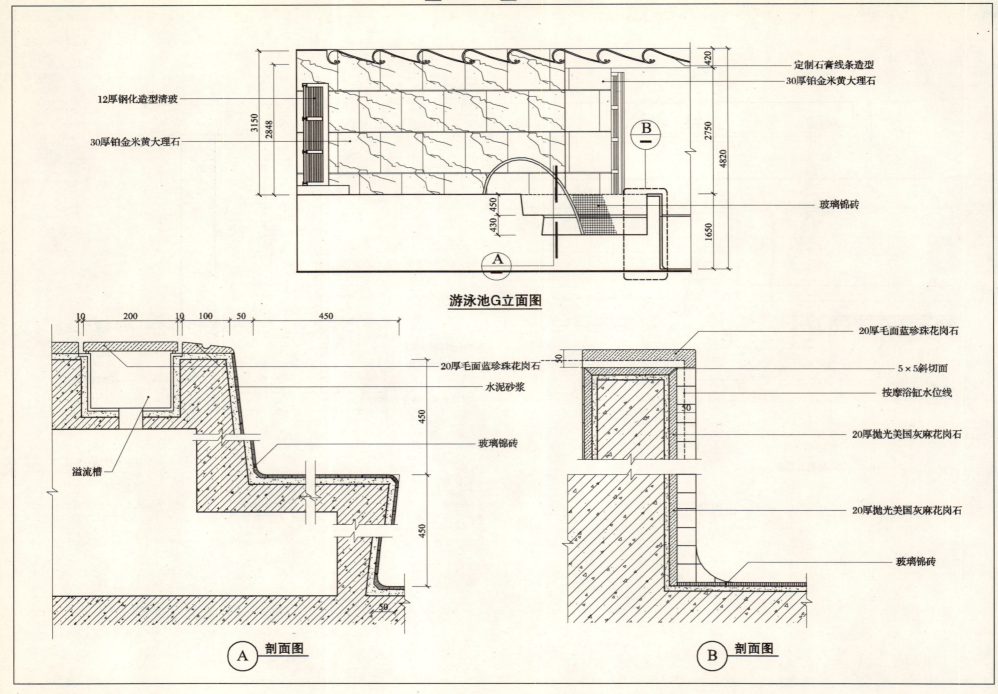

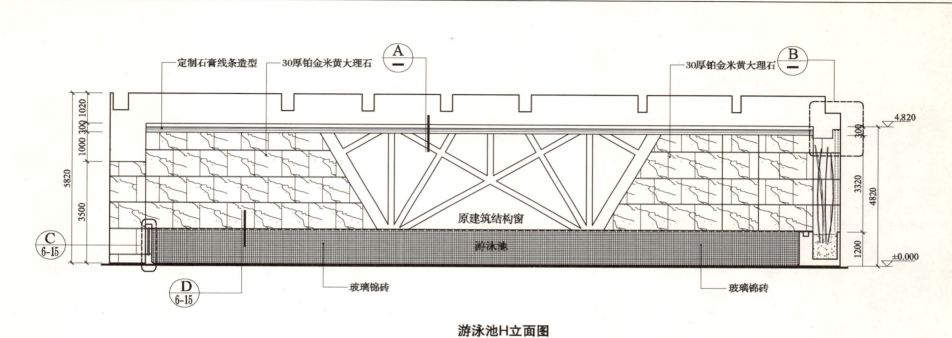

游泳池H立面图

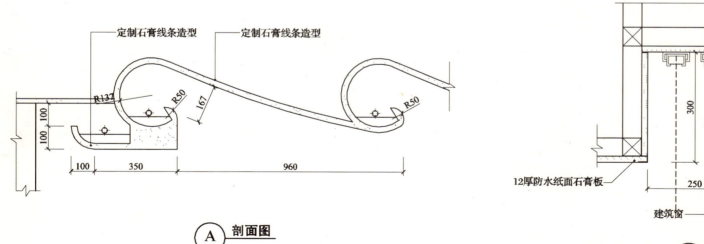

A 剖面图

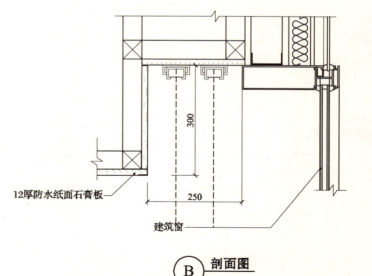

B 剖面图

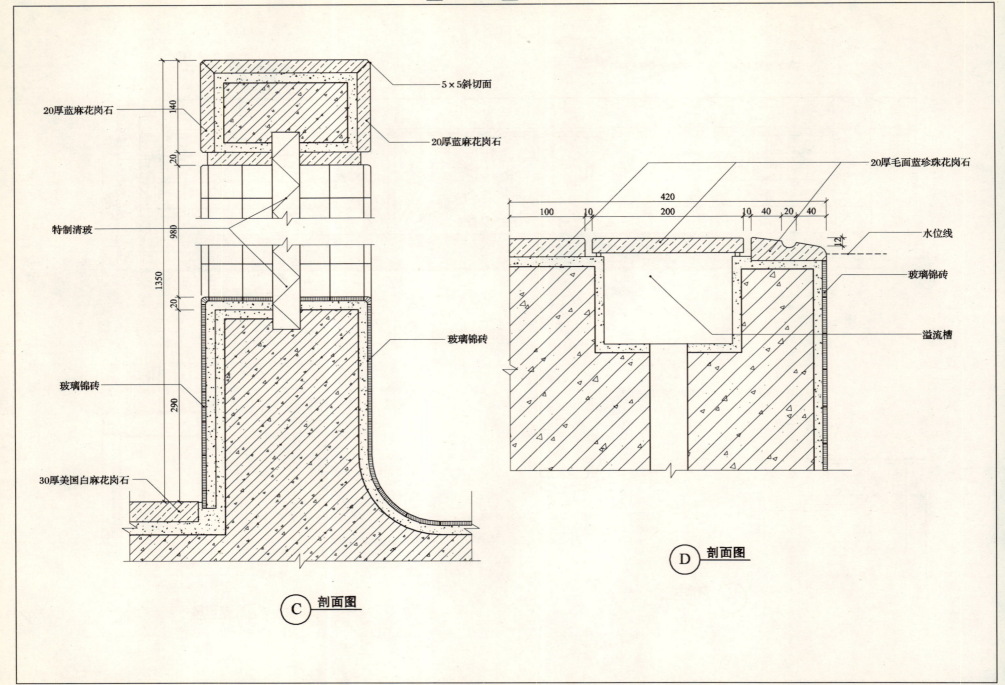

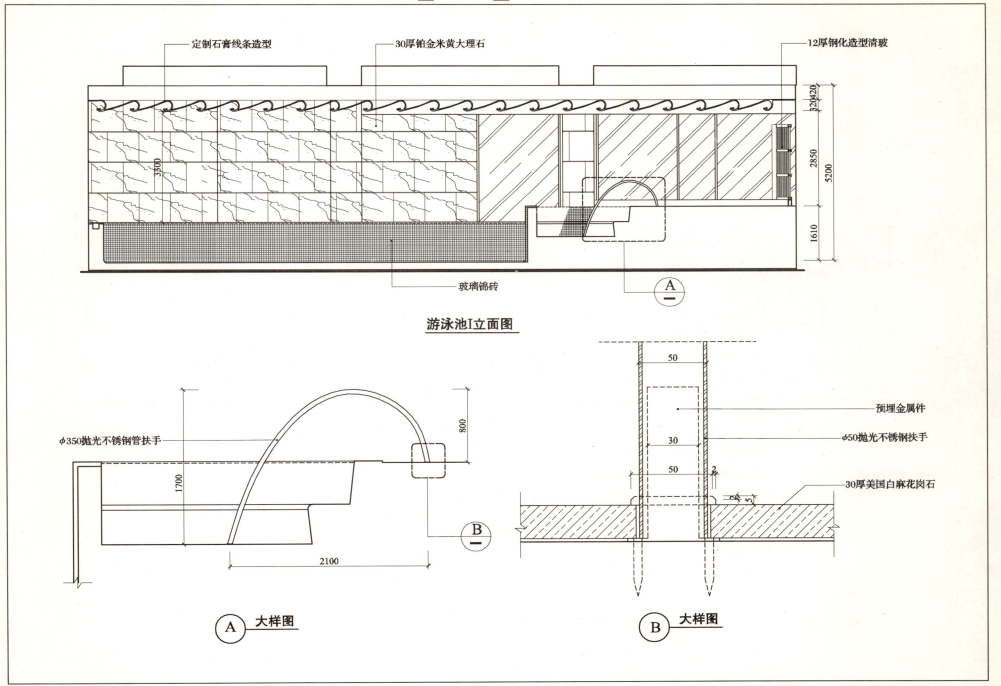

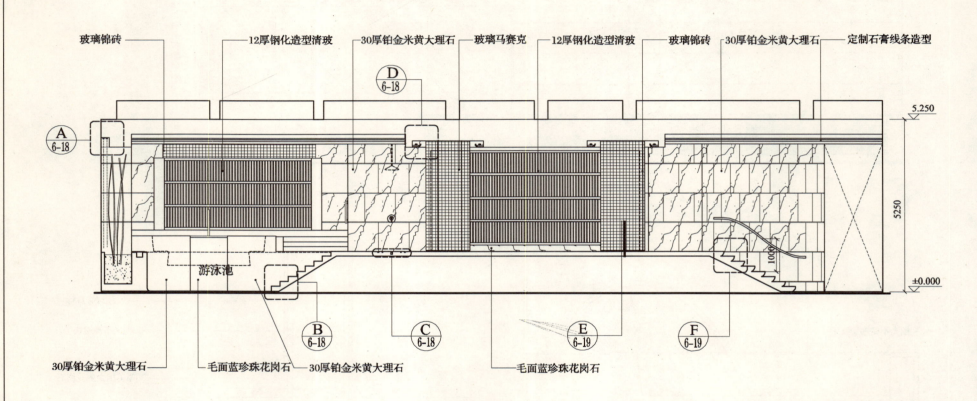

游泳池J立面图

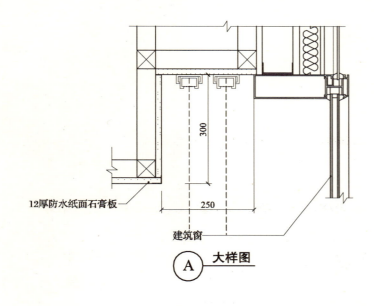

A 大样图

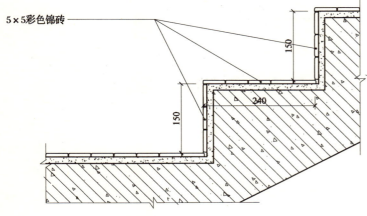

B 大样图

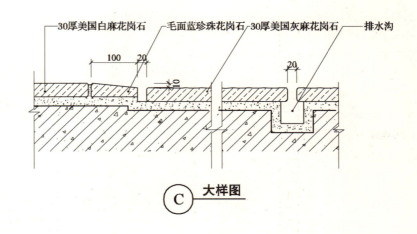

C 大样图

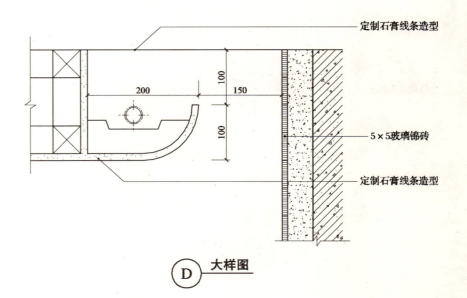

D 大样图

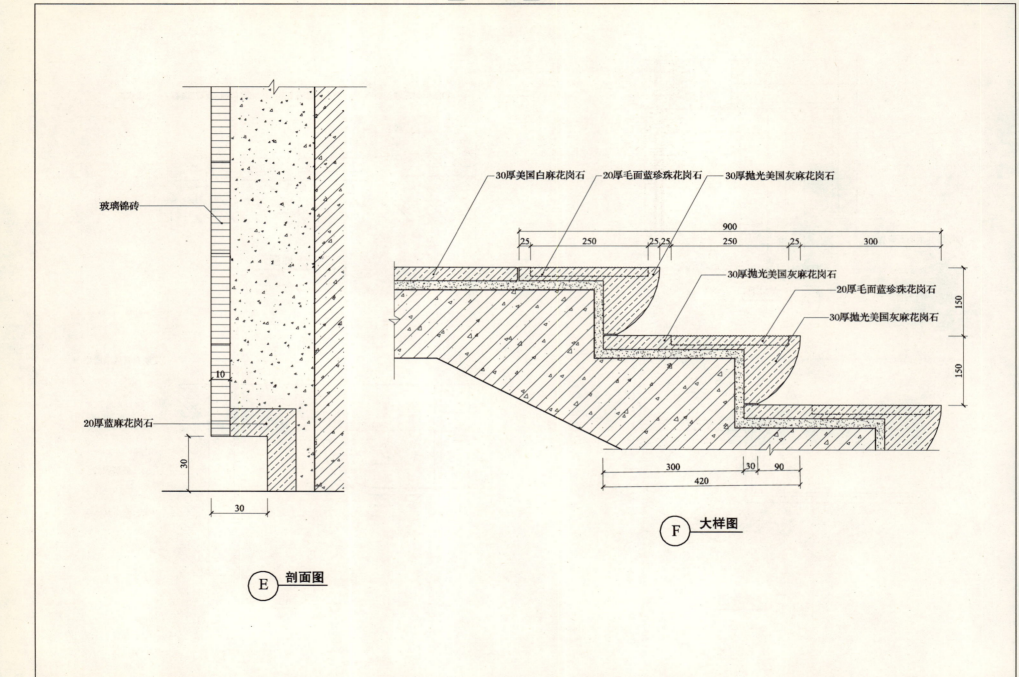

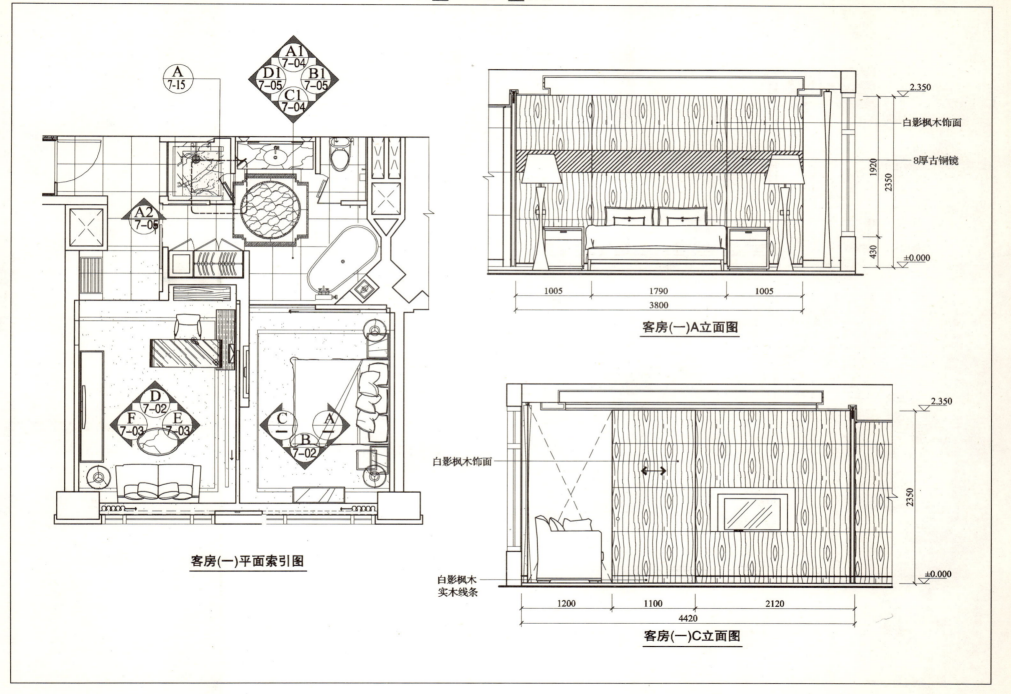

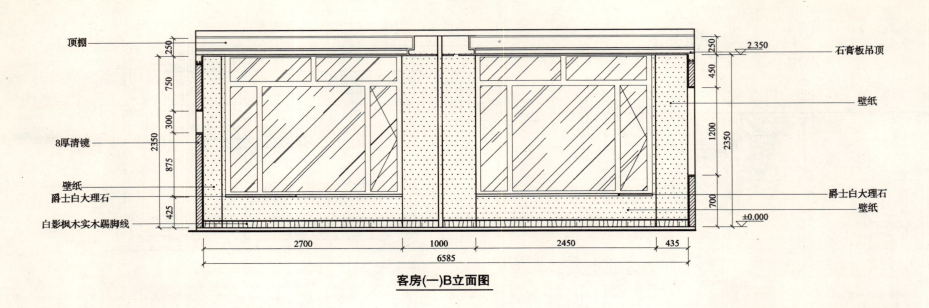

客房(一)B立面图

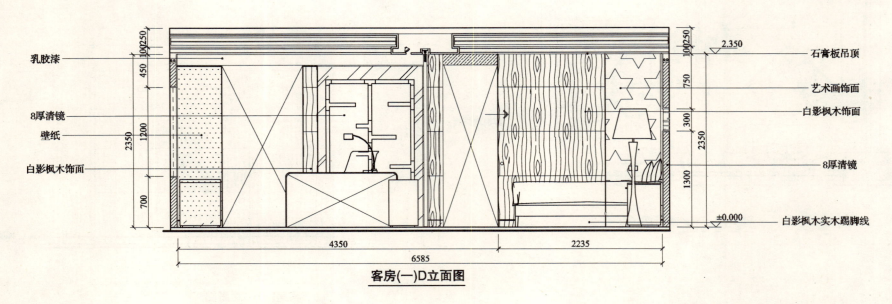

客房(一)D立面图

一 酒店空间 7 客房

客房(一)E立面图

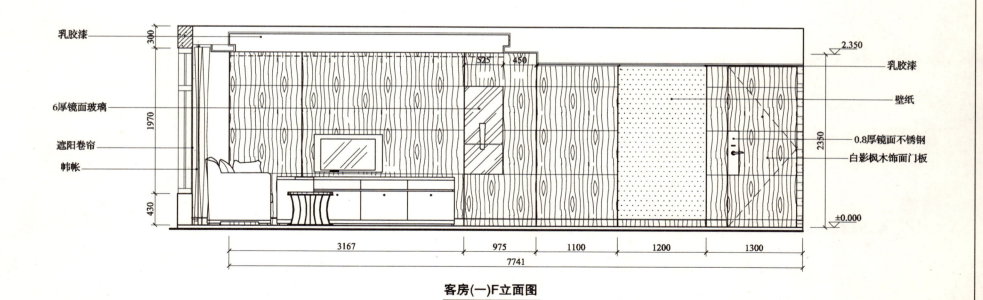

客房(一)F立面图

酒店空间 7 客房

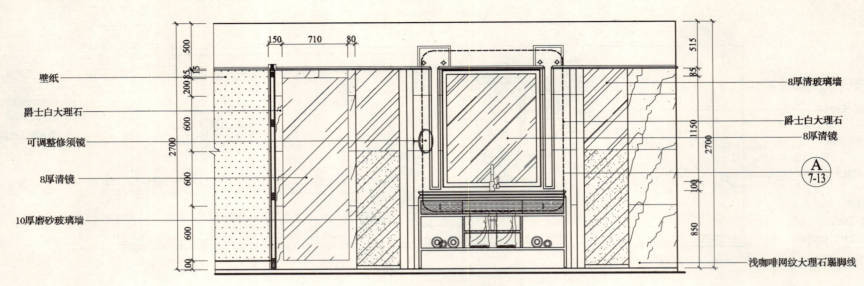

客房(一)A1立面图

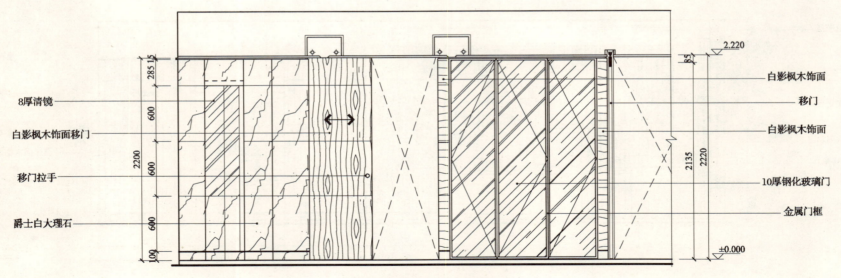

客房(一)C1立面图

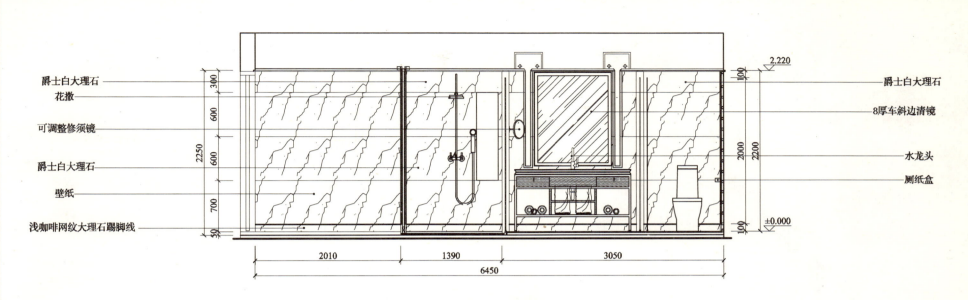

客房(一)A2立面图

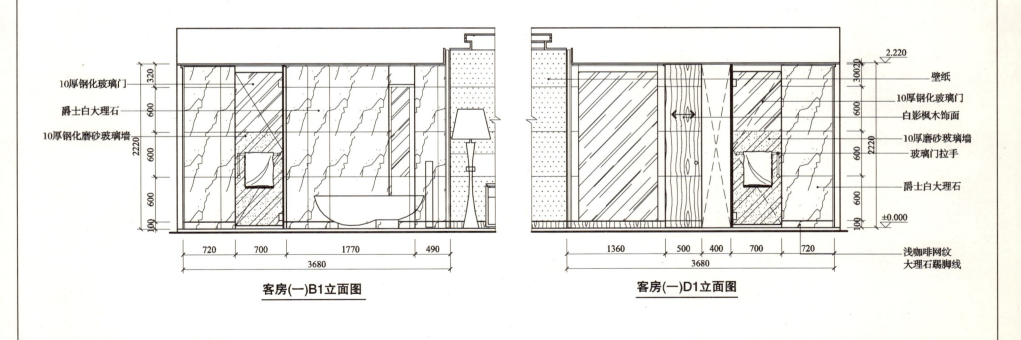

客房(一)B1立面图　　　　客房(一)D1立面图

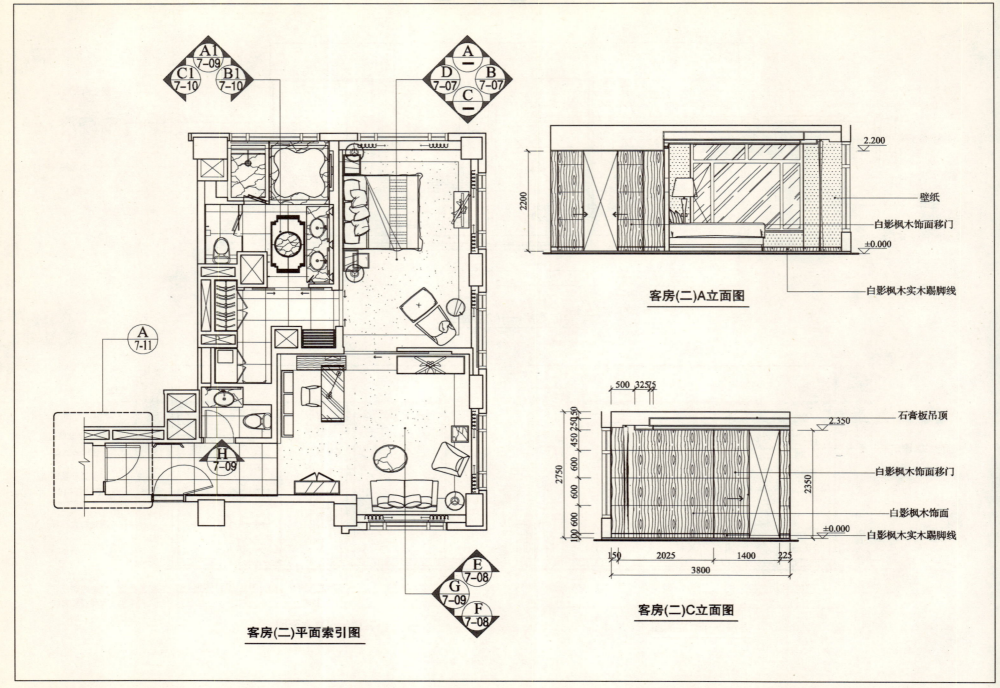

酒店空间 7 客房

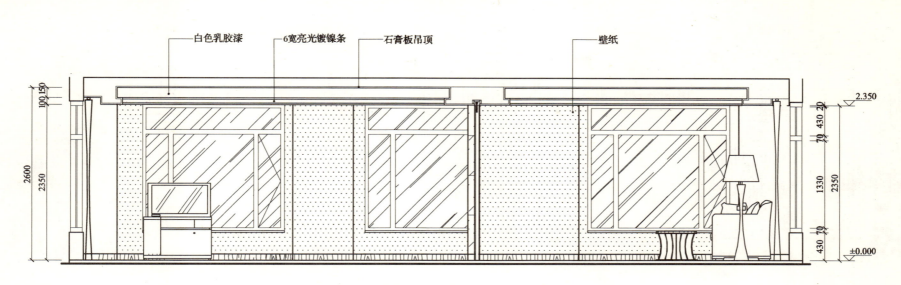

客房(二)B立面图

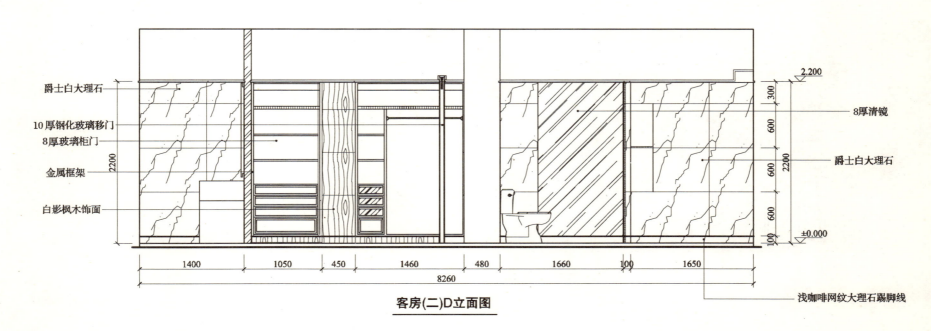

客房(二)D立面图

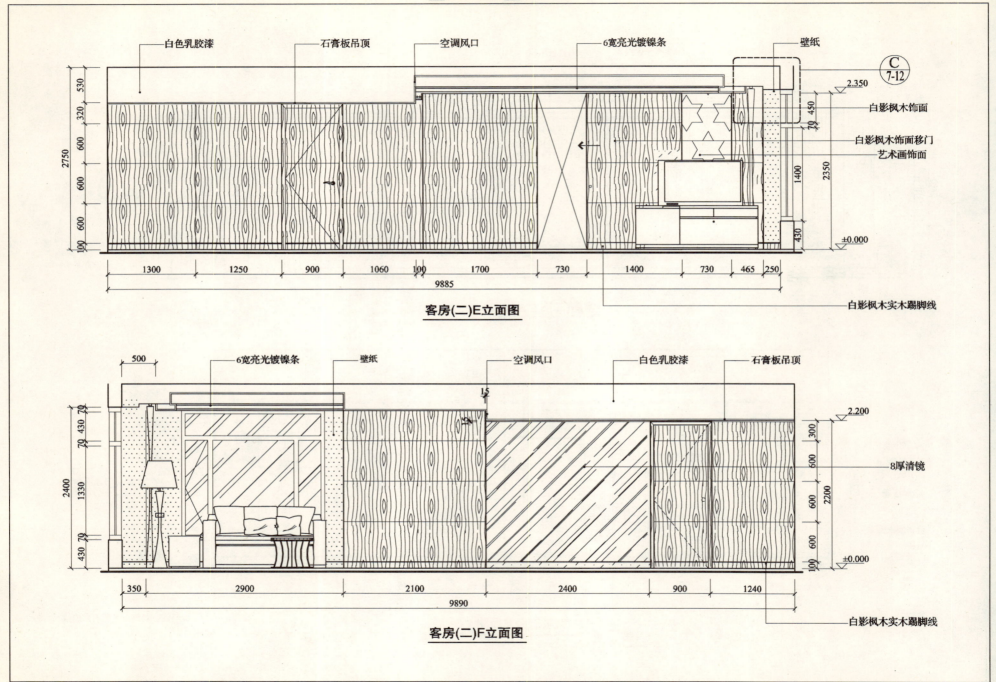

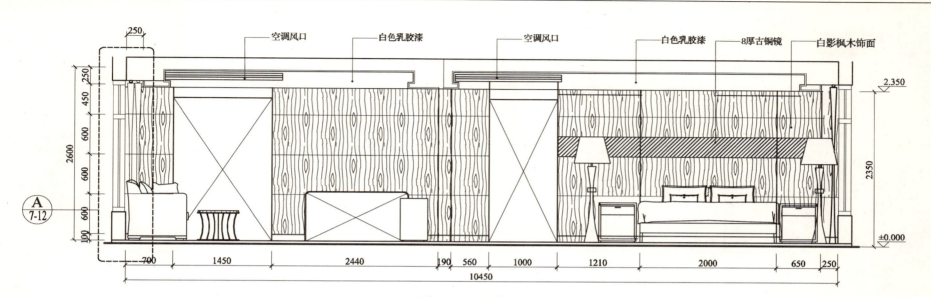

客房(二)G立面图

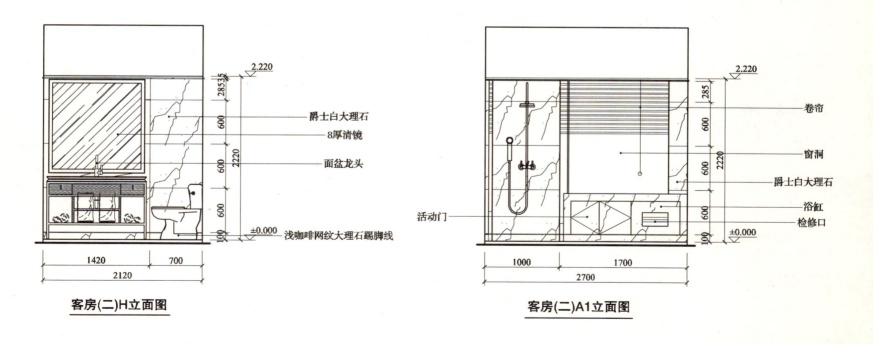

客房(二)H立面图

客房(二)A1立面图

— 酒店空间 7 客房

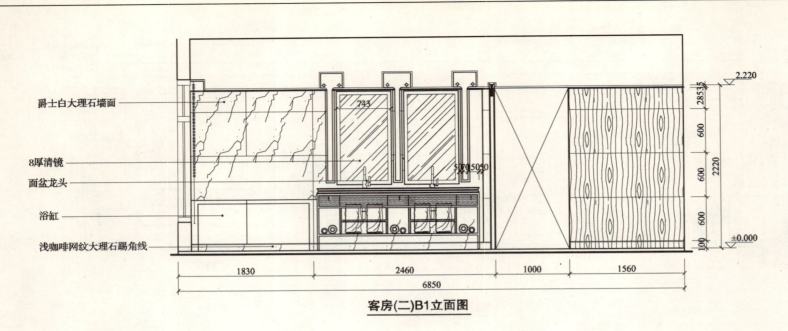

客房(二)B1立面图

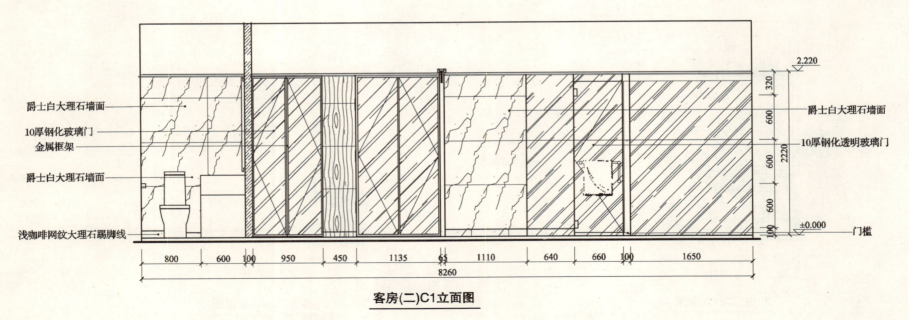

客房(二)C1立面图

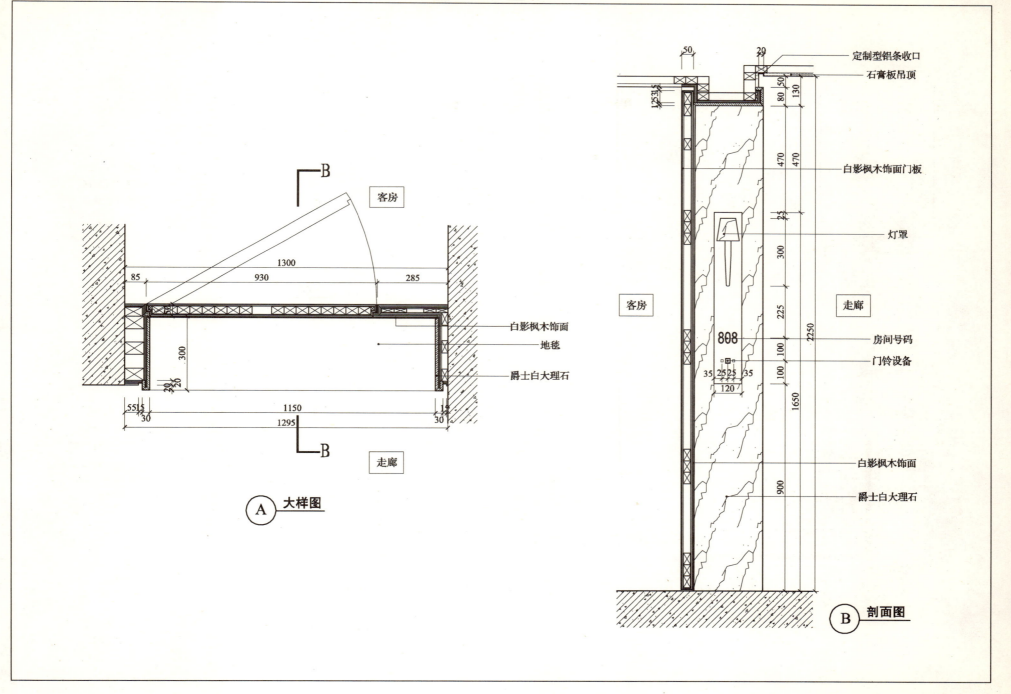

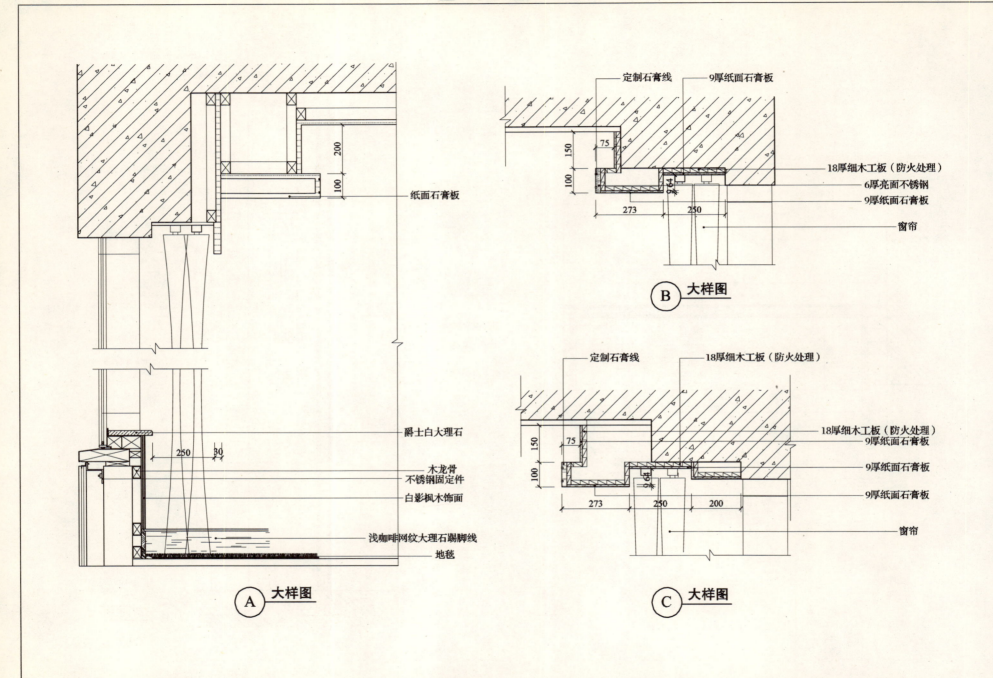

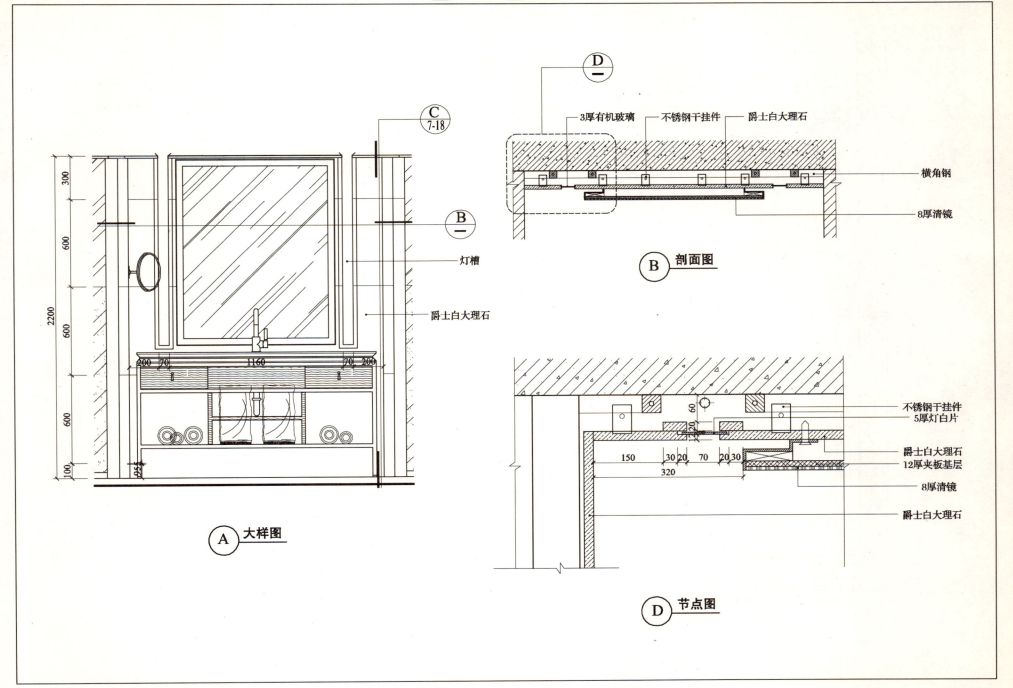

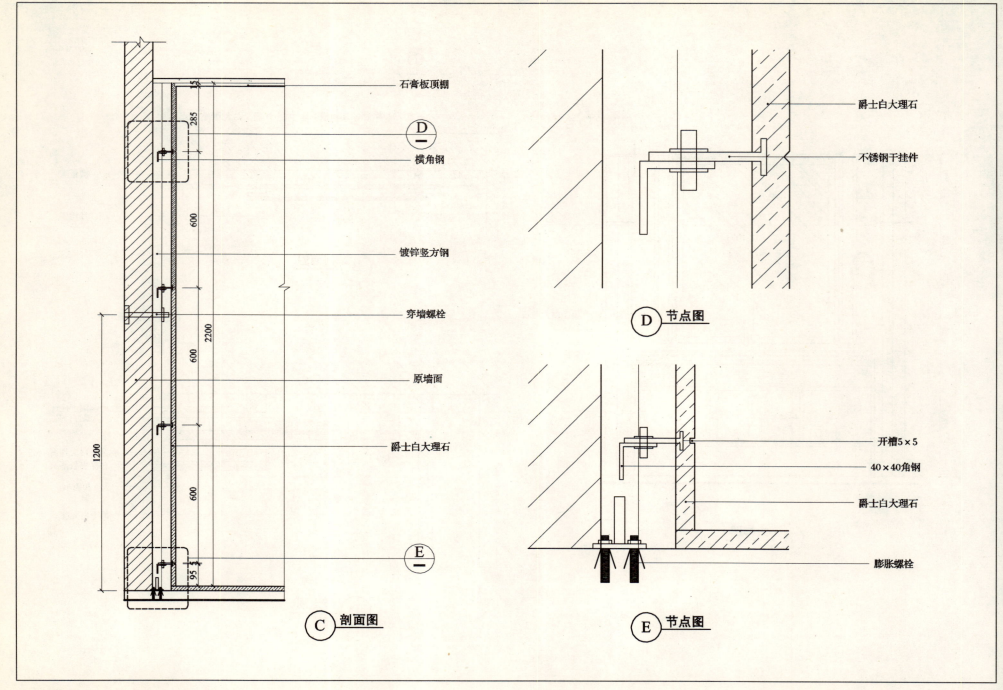

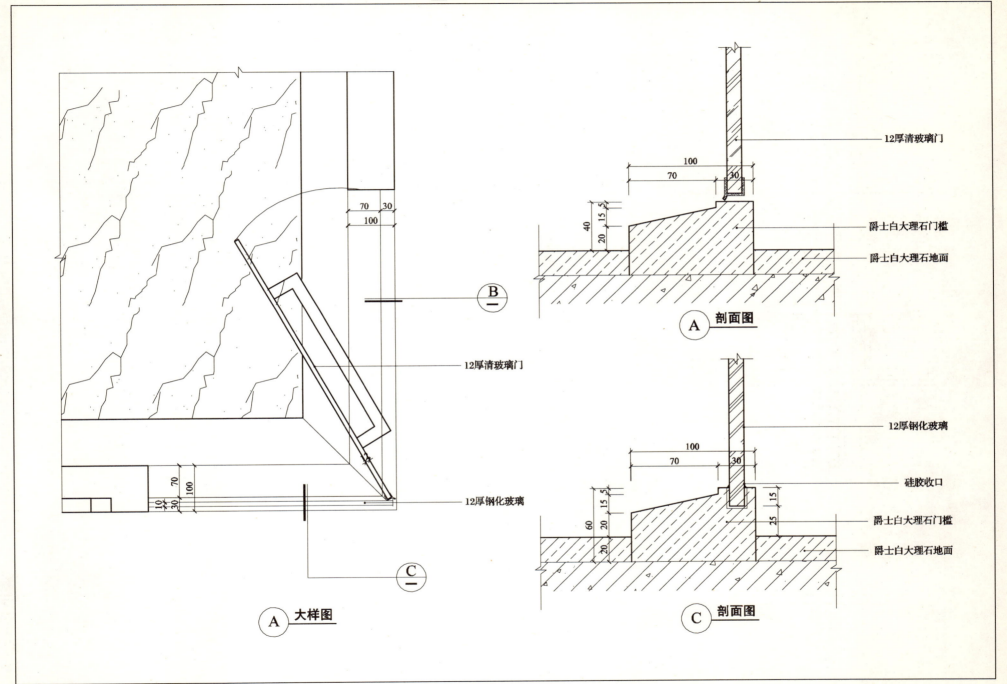

酒店空间 7 客房

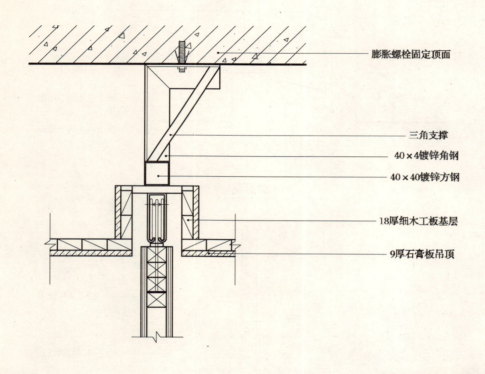
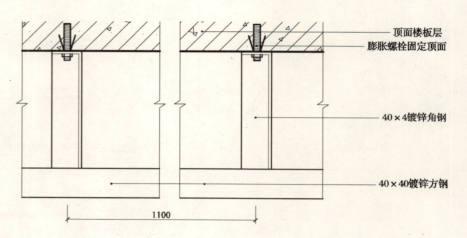

移门轨道固定大样图

一 酒店空间 8 酒店公寓

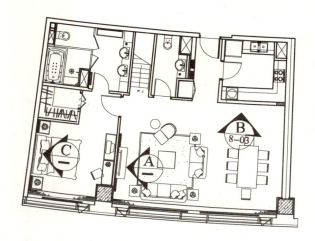

酒店公寓一层平面图

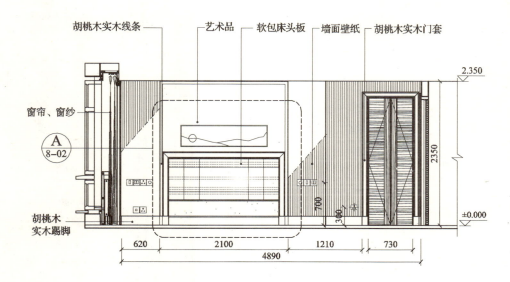

卧室C立面图

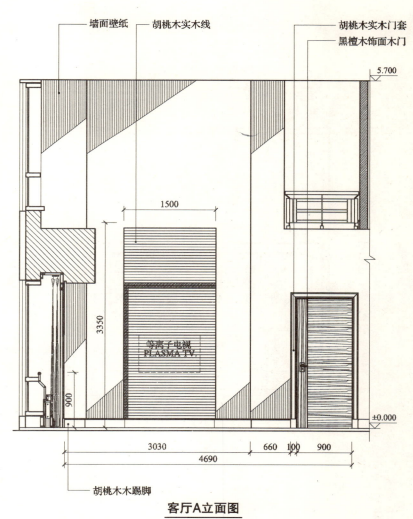

客厅A立面图

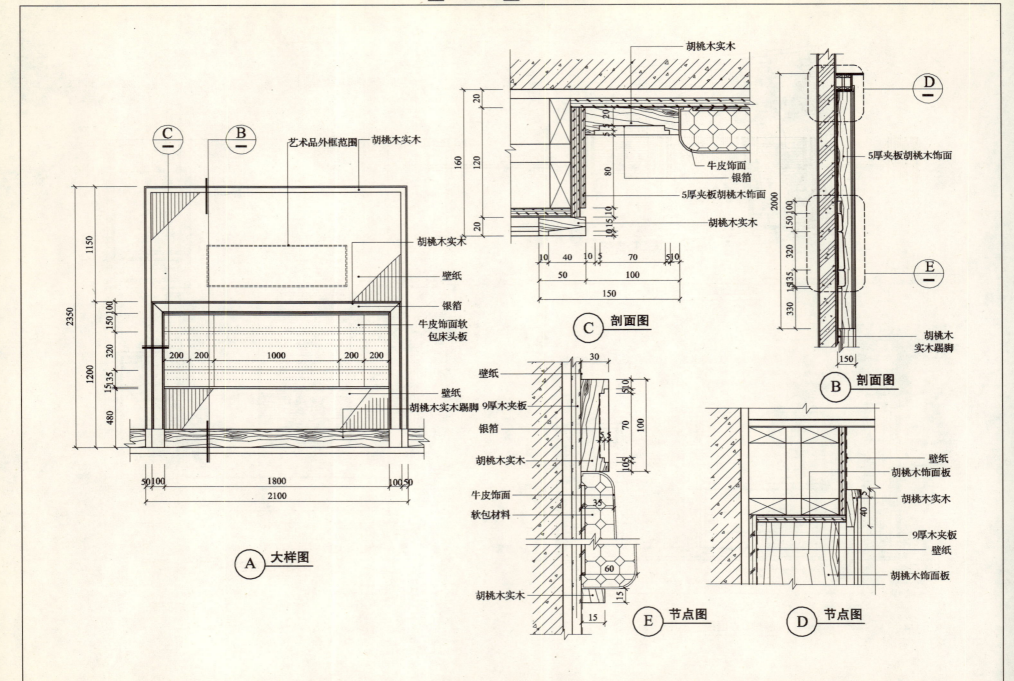

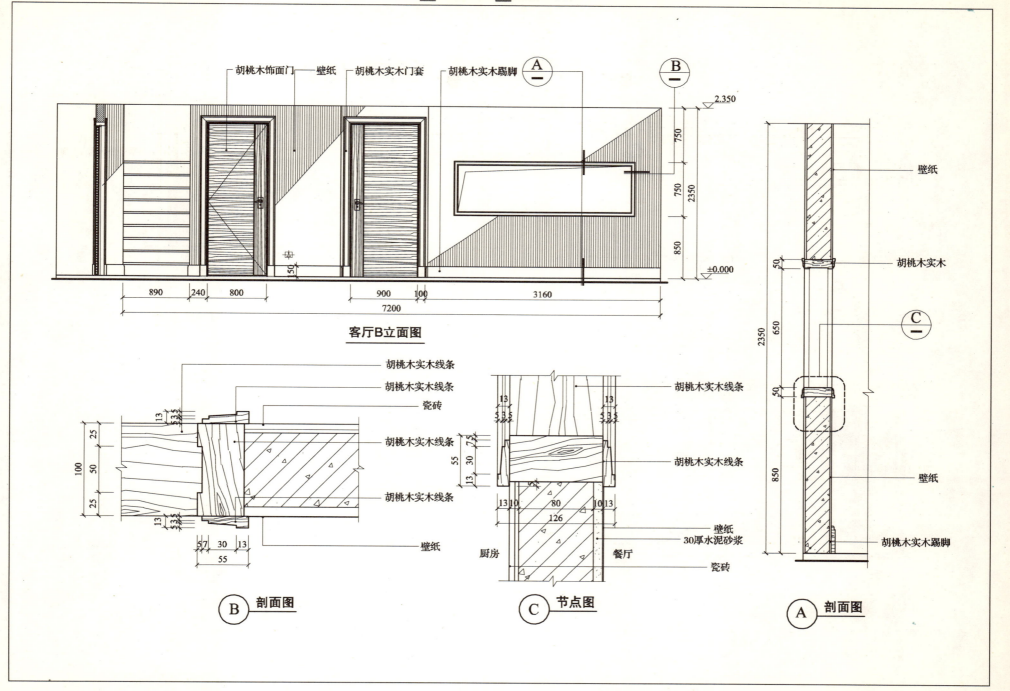

酒店空间 8 酒店公寓

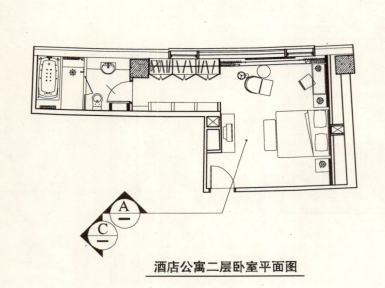

酒店公寓二层卧室平面图

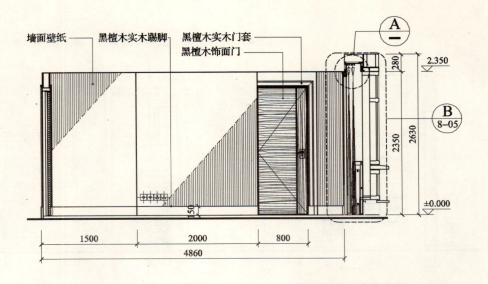

卧室C立面图

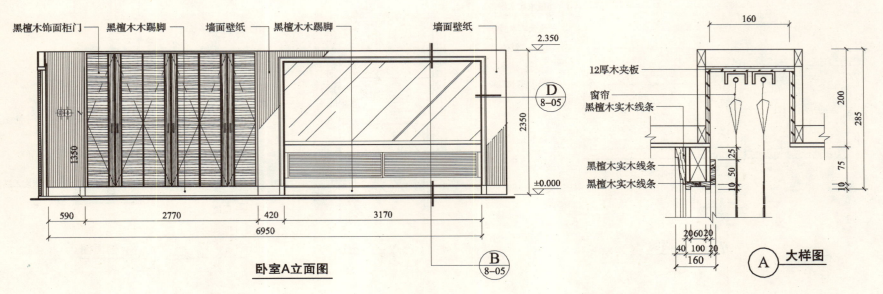

卧室A立面图

A 大样图

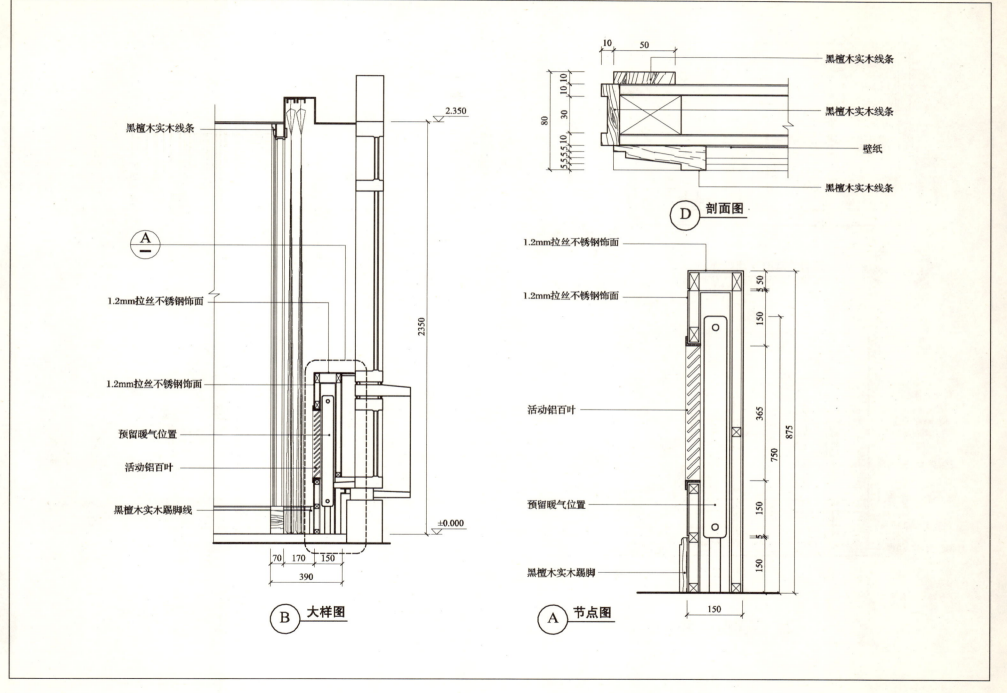

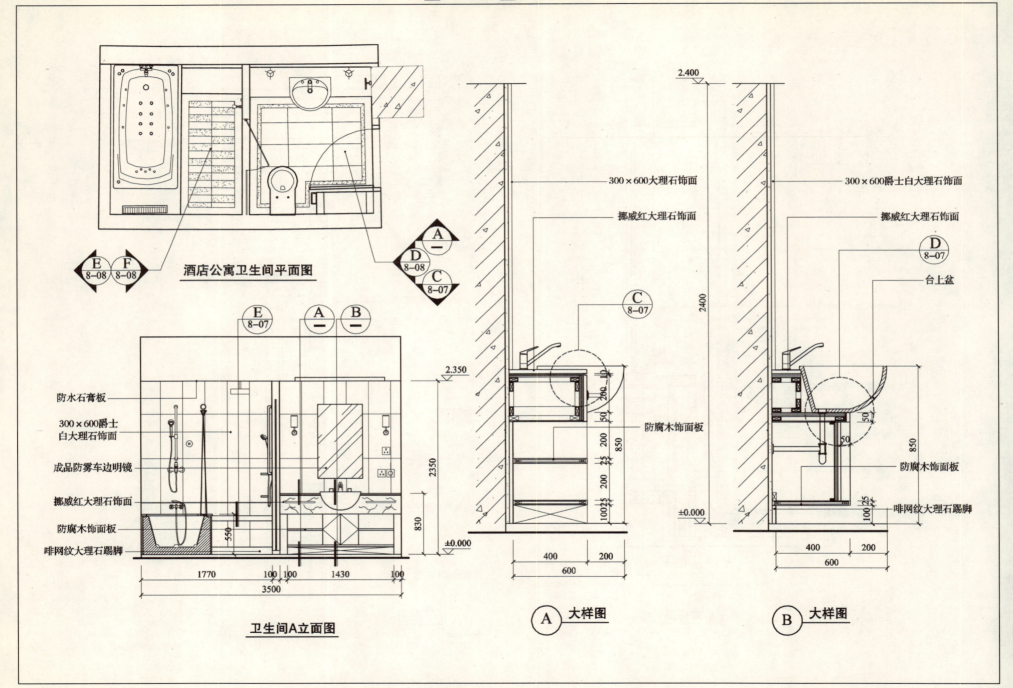

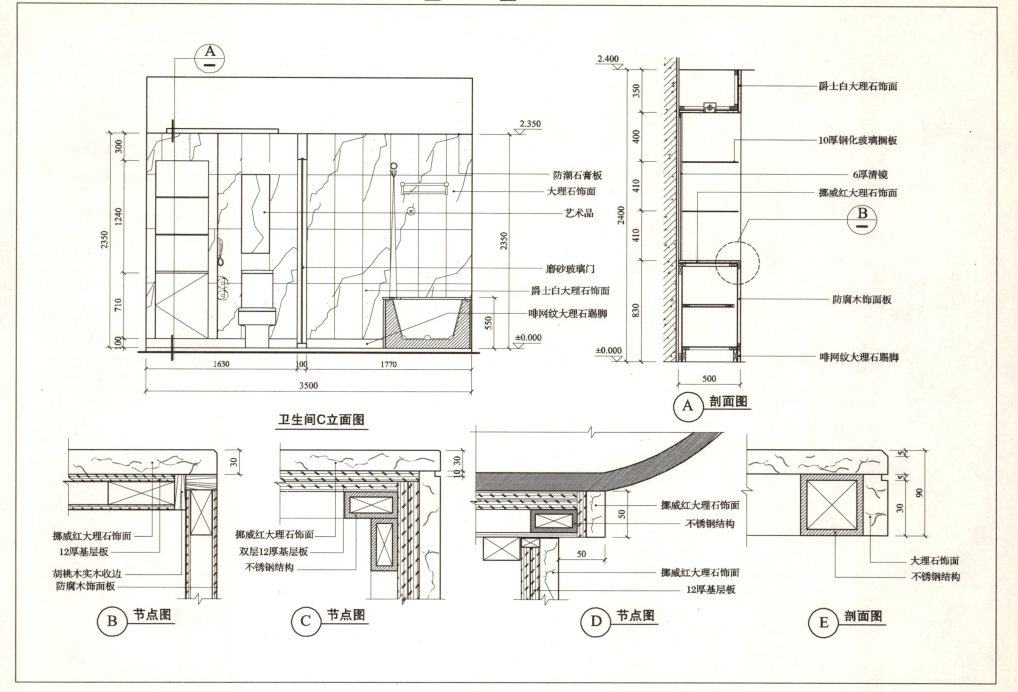

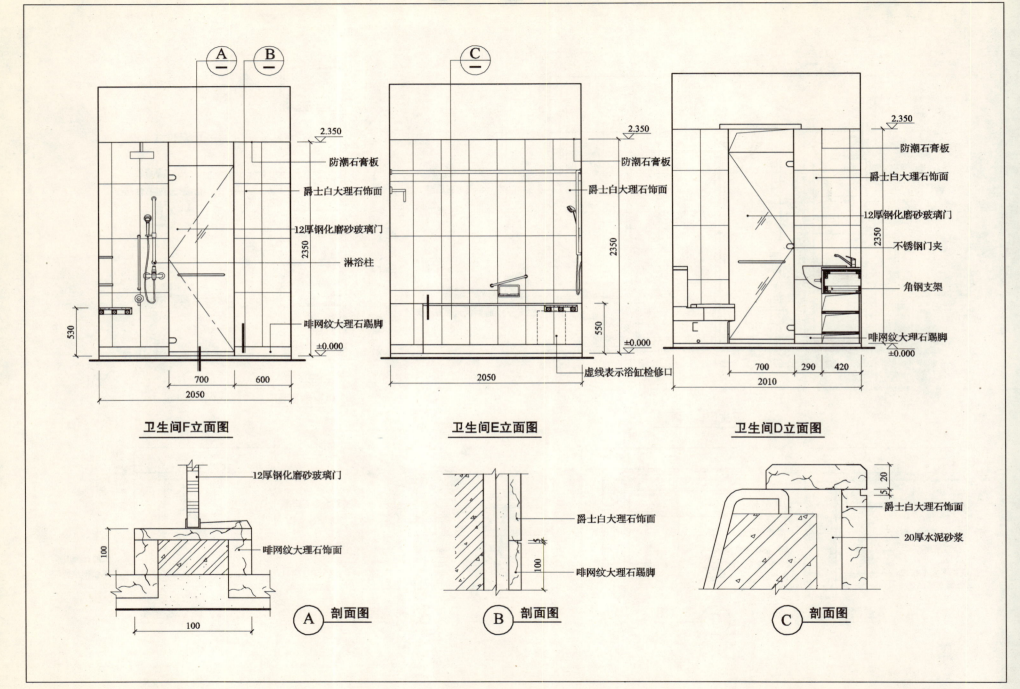

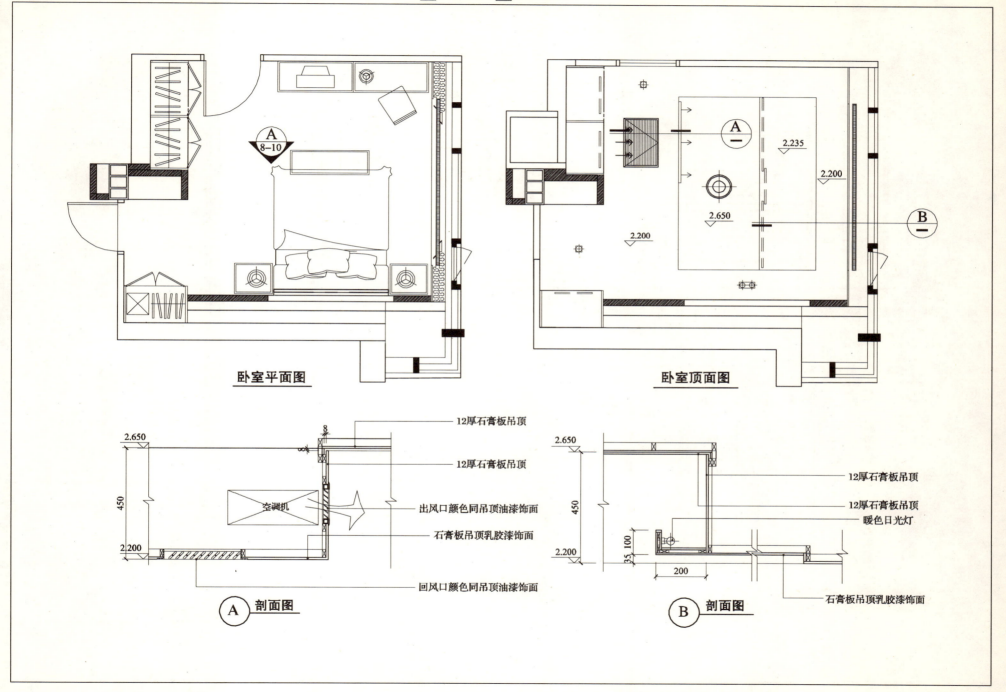

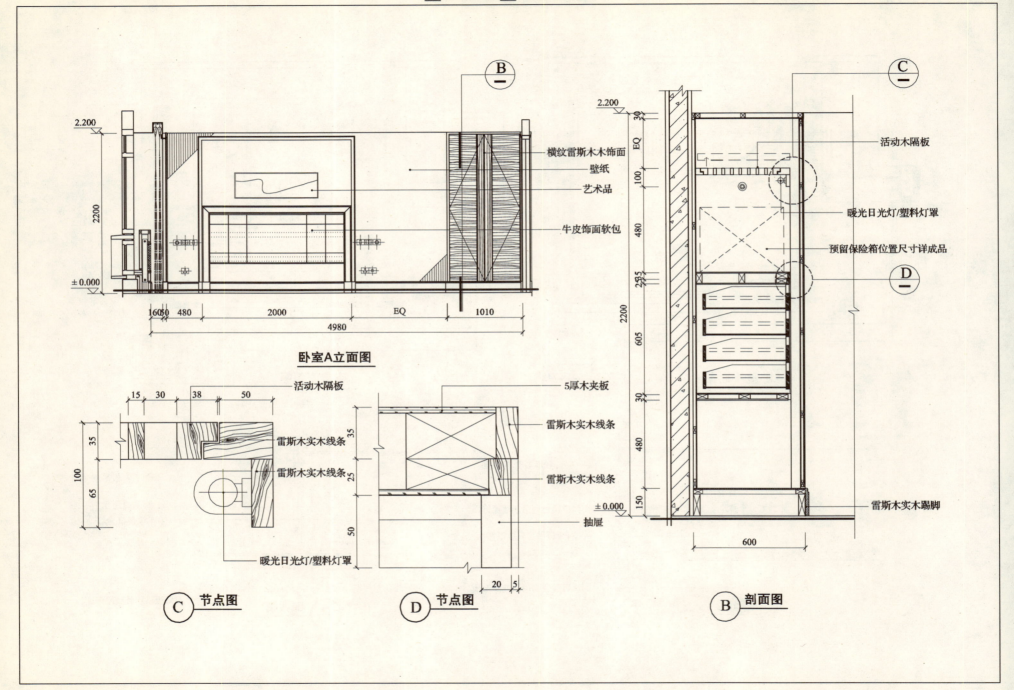

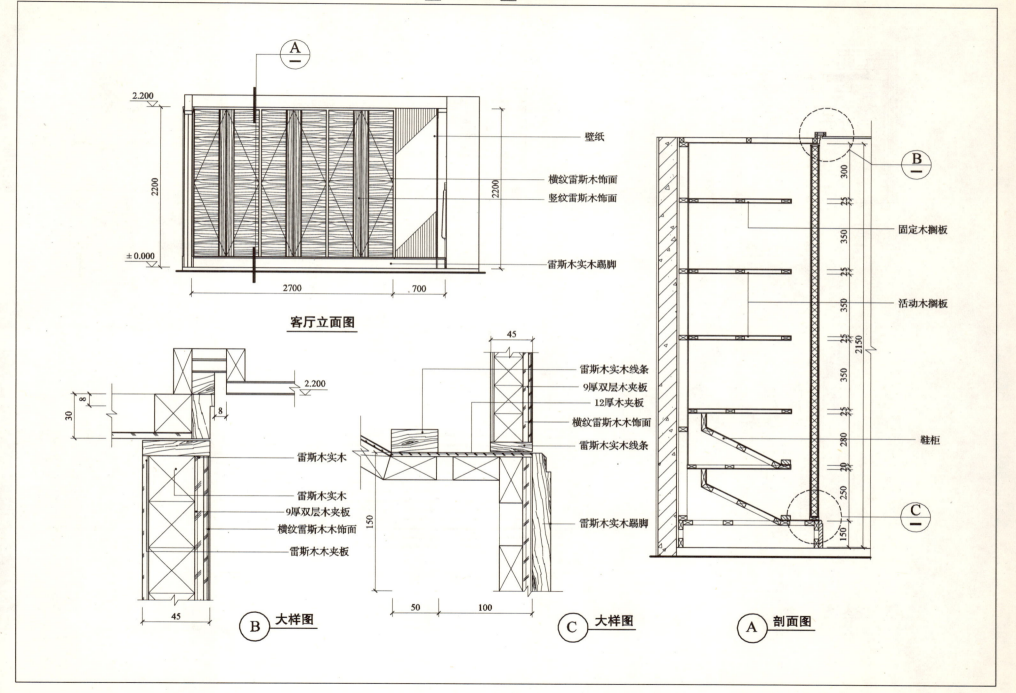

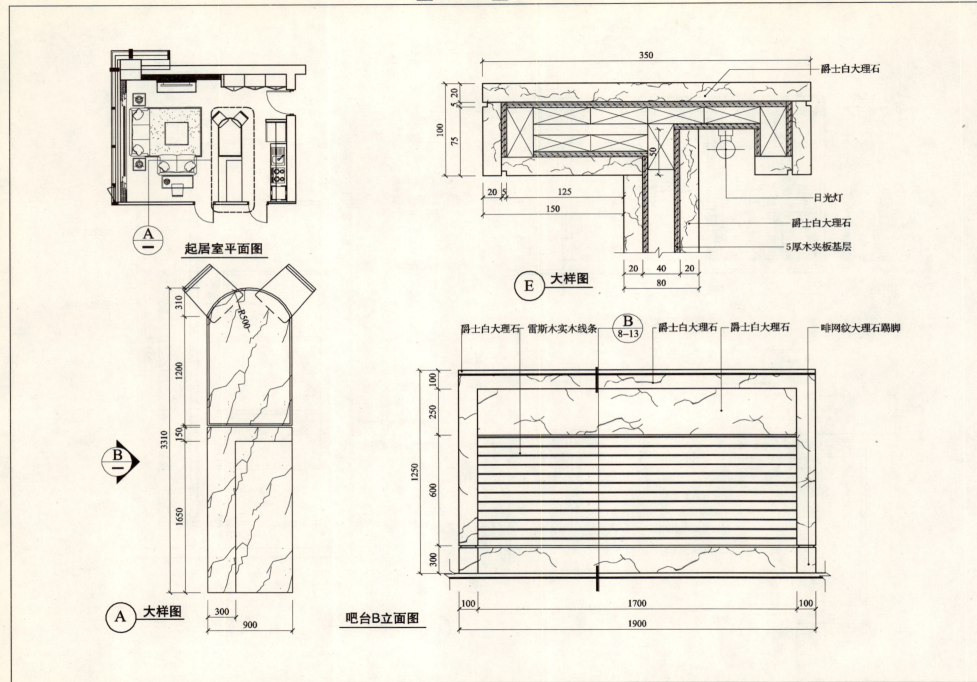

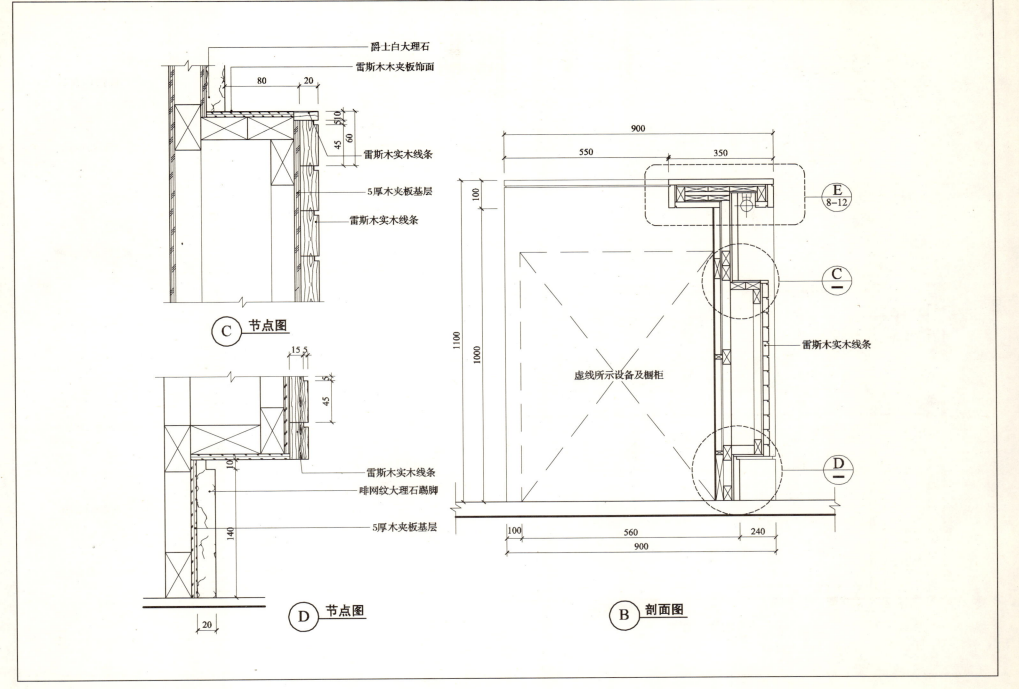

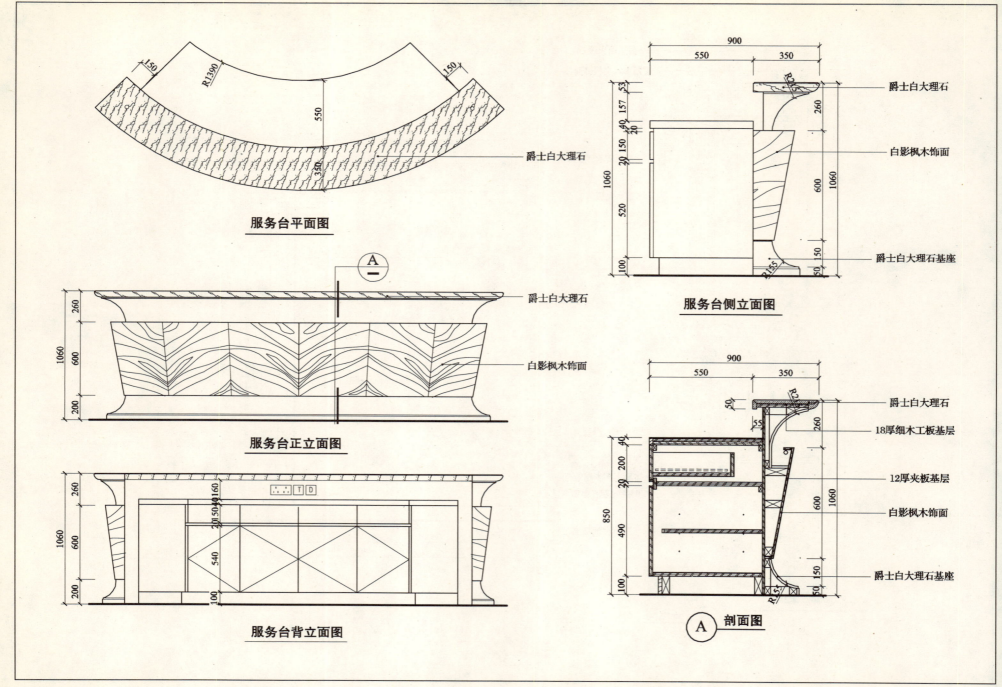

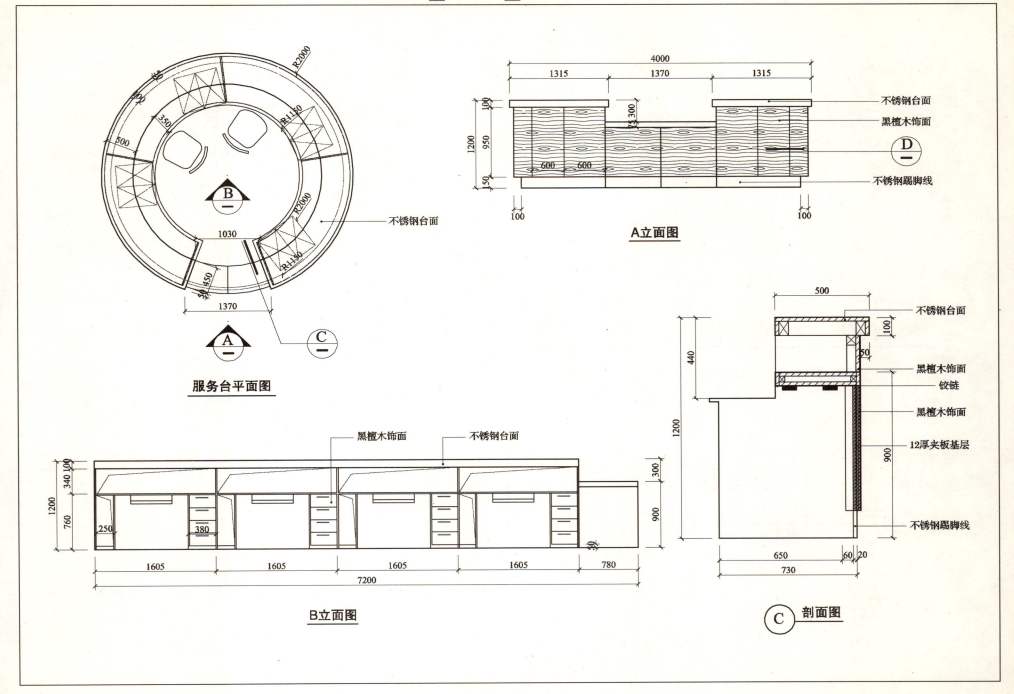

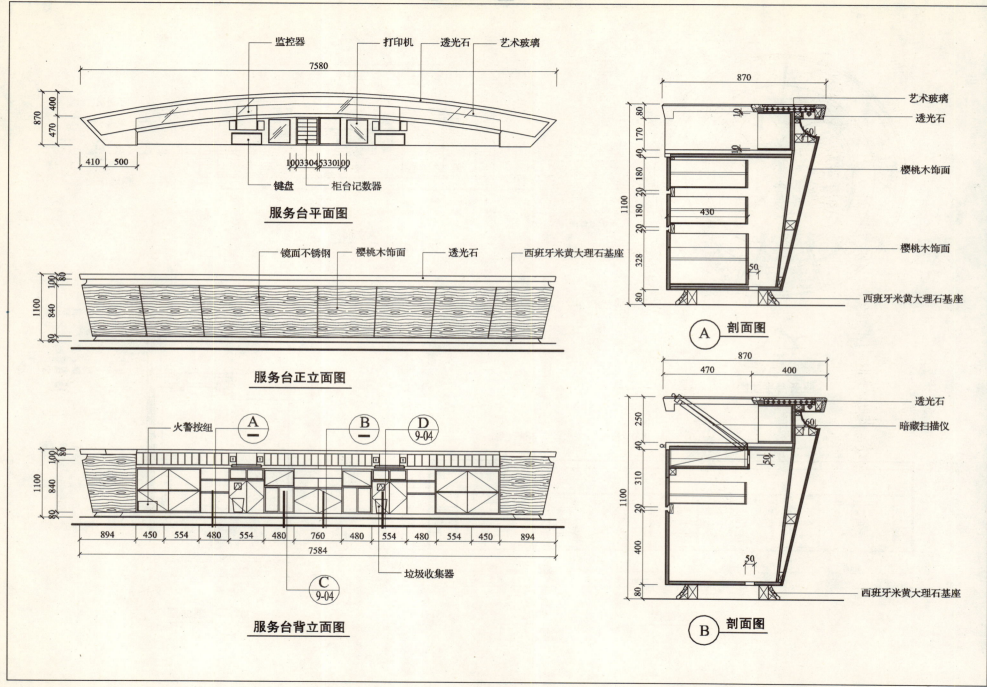

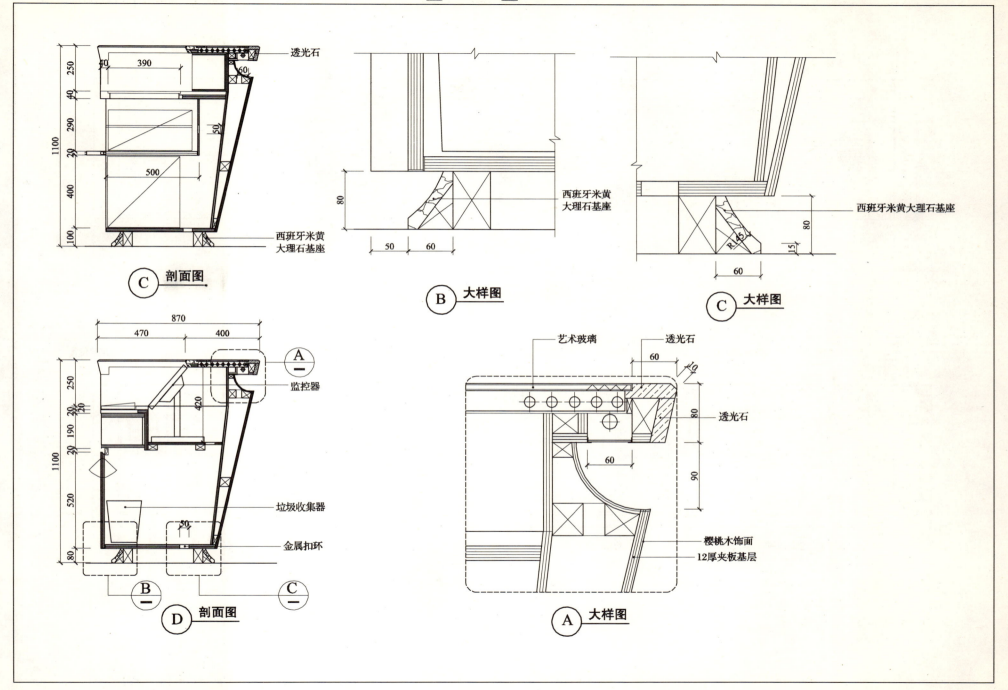

— 酒店空间 9 服务台

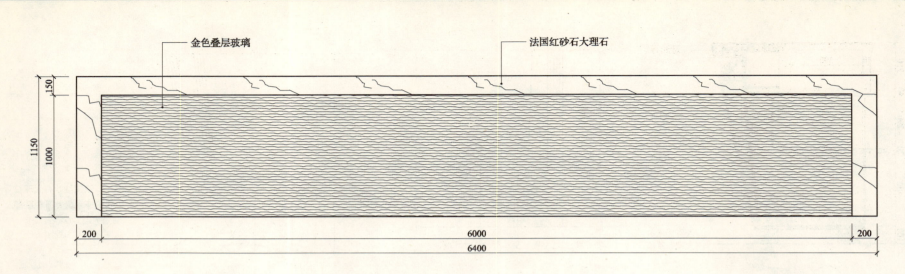

服务台正(A)立面图

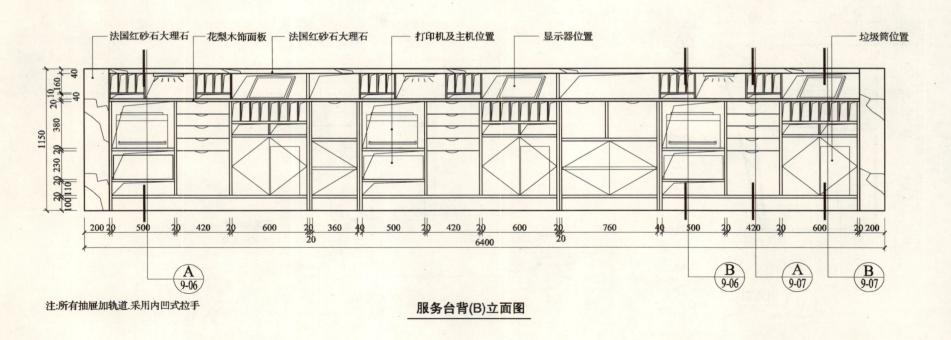

注:所有抽屉加轨道,采用内凹式拉手

服务台背(B)立面图

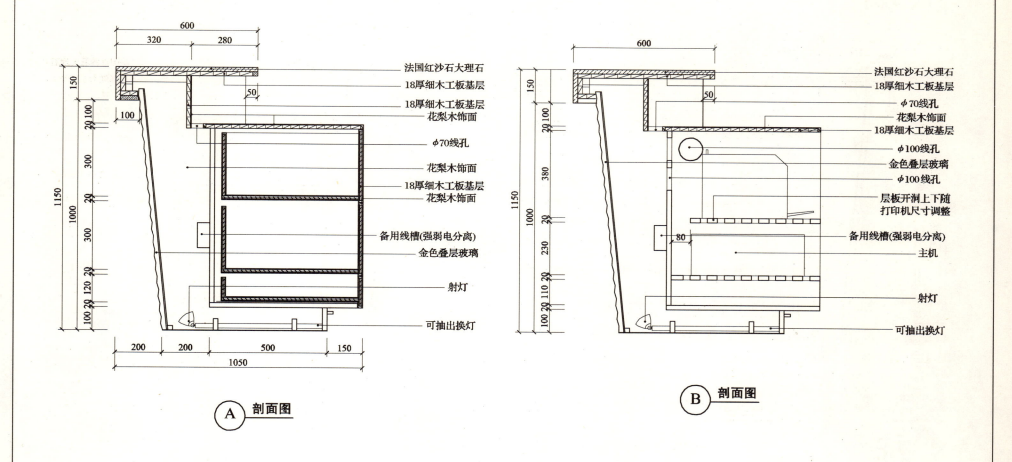

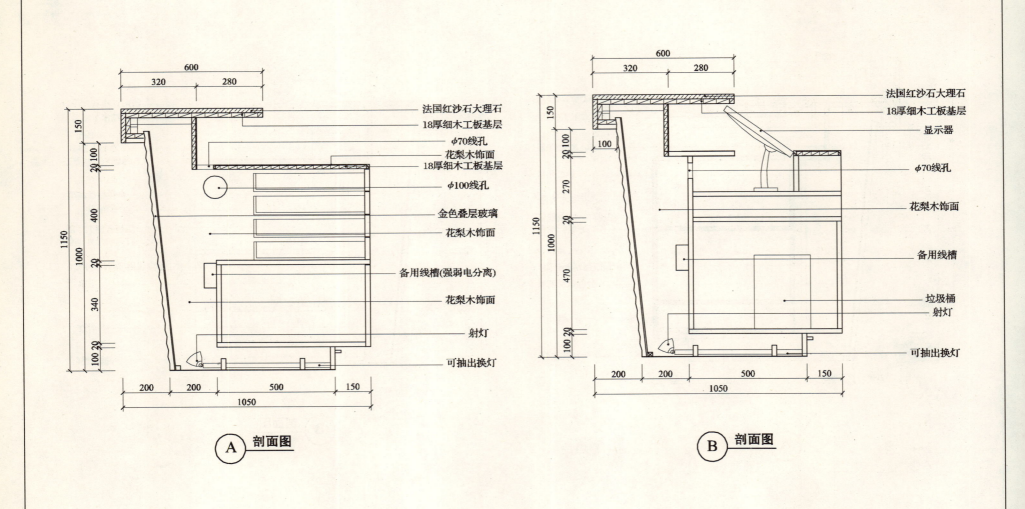

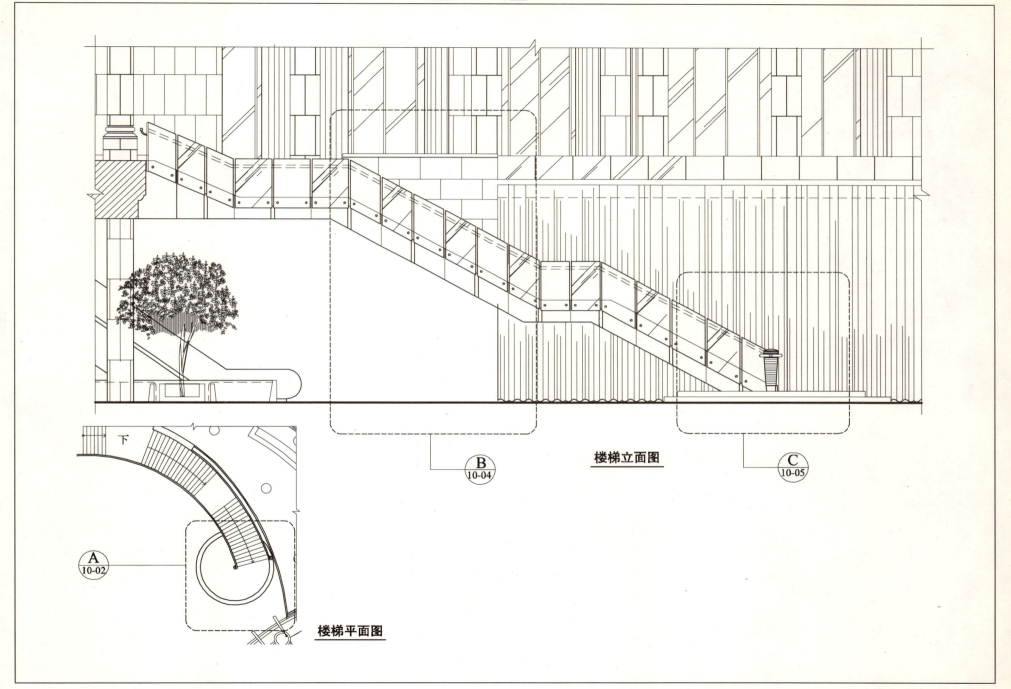

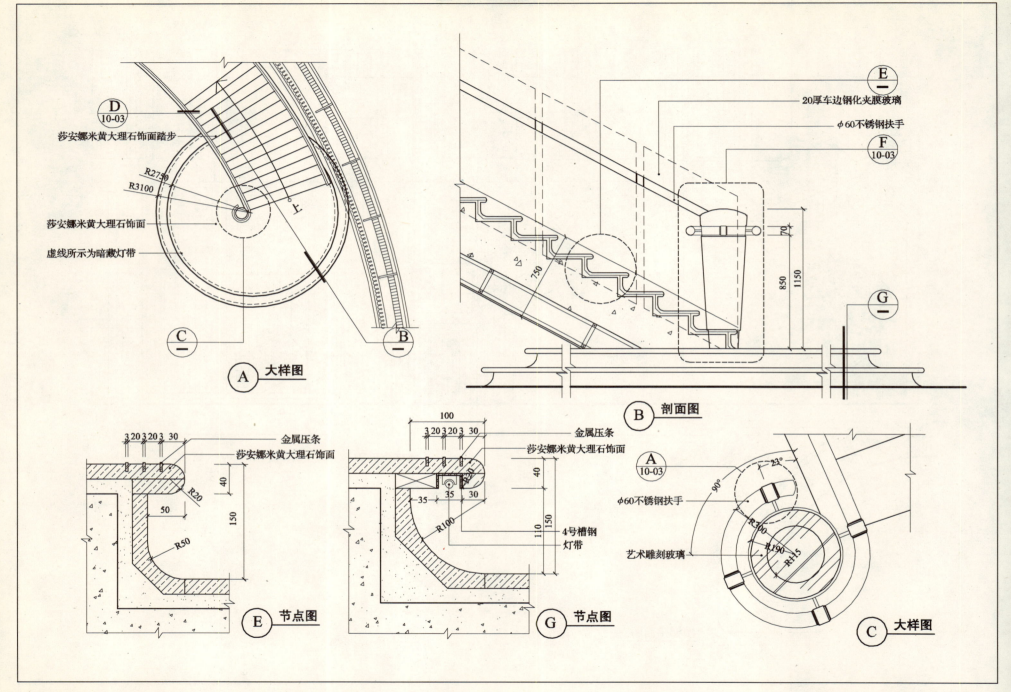

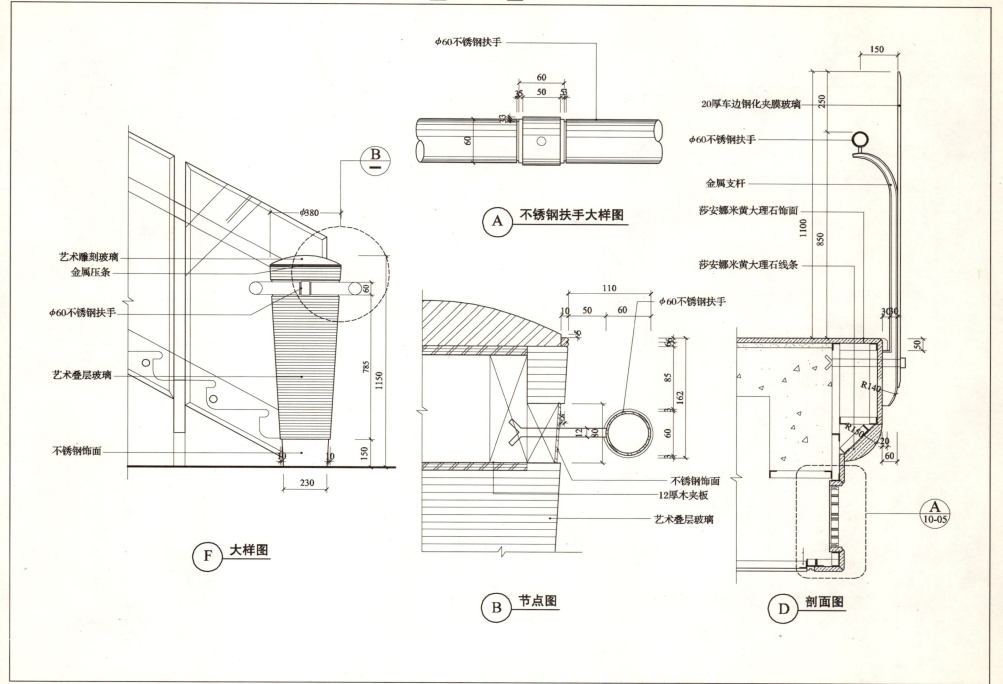

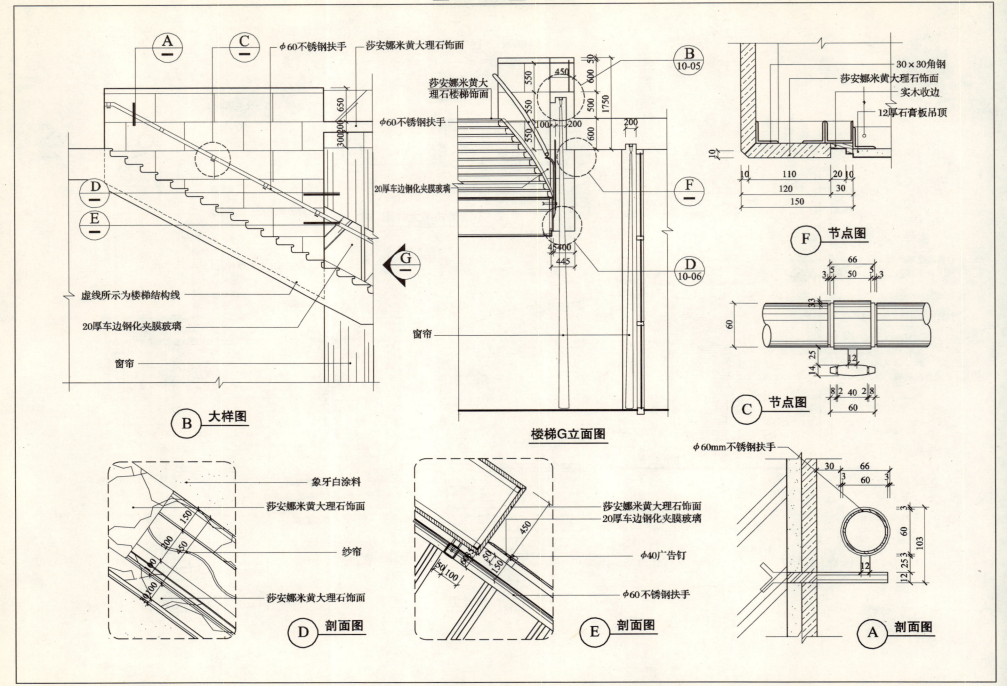

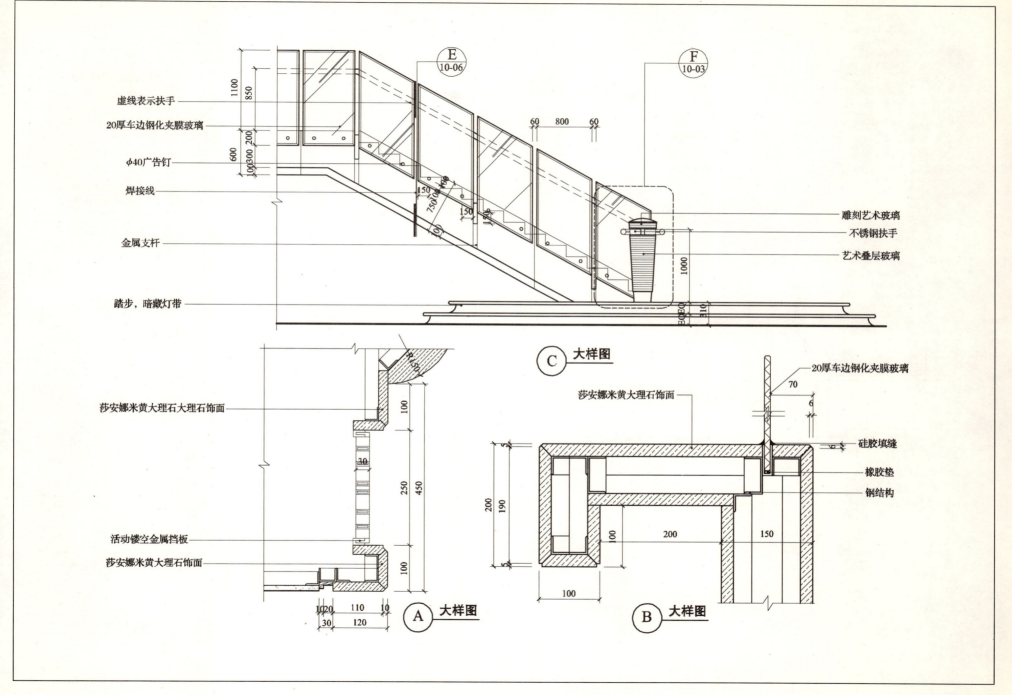

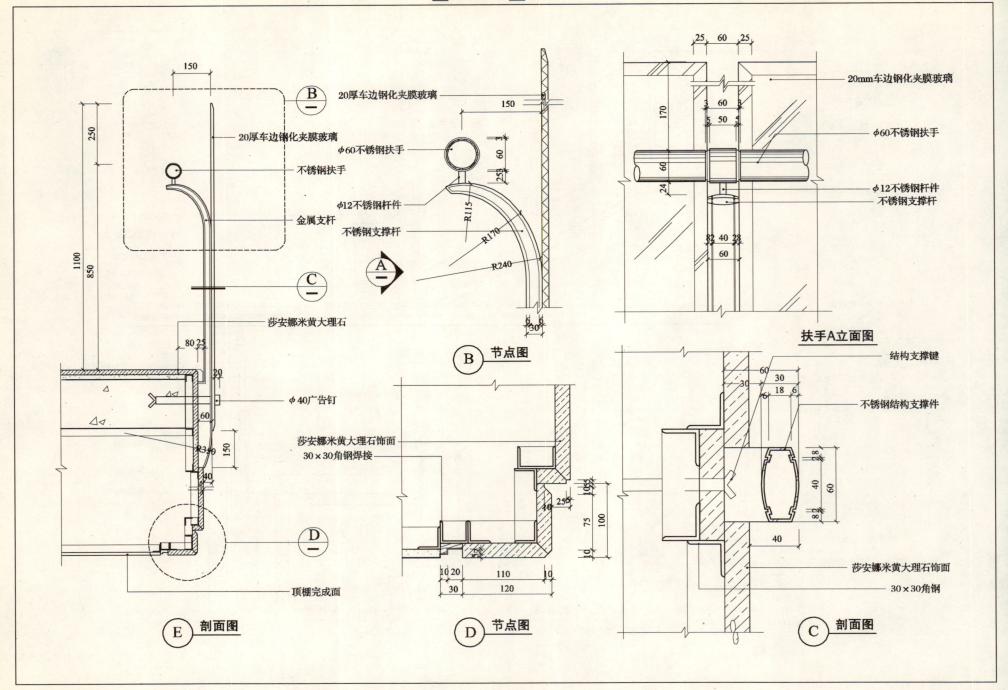

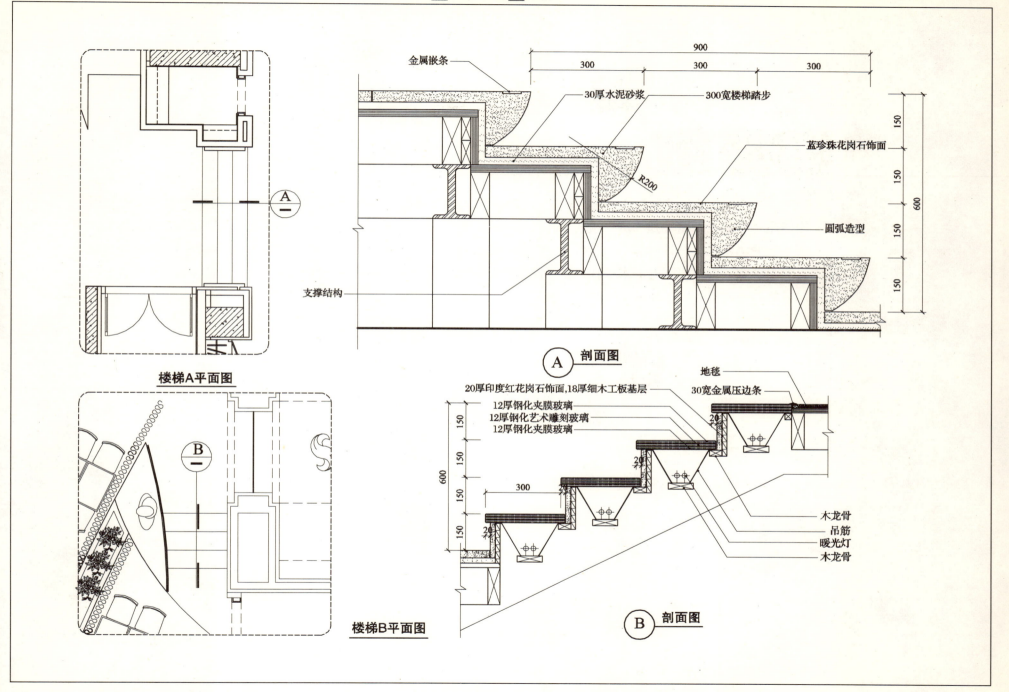

办公空间　第二章

　　办公空间应根据使用性质、建筑规模和标准的不同来合理设计各类空间。办公空间一般由办公用房、公共用房、服务用房和其他附属设施用房等组成。办公室净高一般不低于2400mm。完善的办公空间应体现管理上的秩序性及空间系统的协调性。设计时应先分析各个空间的动静关系与主次关系，还要考虑采用隔声、吸声等措施来满足管理人员和会议室等重要空间的需求。在办公空间的装饰与陈设设计上，特别要把空间界面的装饰和陈设与整个办公空间的风格、色调统一协调处理。

一、空间的营造与设计

现代办公空间的营造几乎已无规律和章法可循，特别是时下流行的，用空置或废弃的旧仓库、旧厂房、老建筑等改造设计的办公场所。这些有着特殊建筑风格和历史底蕴的旧建筑，给设计师带来了更多的设计灵感与更大的想像空间，设计师运用新的设计理念，将许多错综复杂的设计元素交织在一起，创造出充满了现代、艺术、时尚气息的办公场地。在这里，设计师们或是利用错层来弥补大的平面空间所带来的平淡，使空间变得丰富而灵动；或是提供大量的共享空间来寻求自然光的通透性，有意识地将会议、办公、接待等各局部空间与大空间融为一体，刻意强调开放式的办公空间。

甲级办公楼内的办公空间设计汇集了现代、简洁、气派的设计手法，现代化的办公环境体现出业主的公司实力，在这里，材料的选择也是遵循这样的思路。材料的分类不一定多，皆在体现现代、典雅、明快的个性。

二、办公空间的装饰手段

1. 顶棚的装饰构造设计

办公空间顶棚多选用U形轻钢龙骨纸面石膏板和T形金属龙骨装饰板两种构造形式进行设计。T形龙骨所搭配的饰面板有铝合金穿孔板、矿棉装饰吸声板、硅钙装饰石膏板等，T形龙骨又分为明装式和暗装式两种装配方式，吊顶龙骨与吊顶板组成600mm×600mm、500mm×500mm、450mm×450mm等的方格，不需要大幅面的吊顶板材，因此多种吊顶材料都可适用，规格也比较灵活。

顶棚设计要处理好叠级造型结合部衔接收口的关系，特别是不同材质交接界面的交接过渡处理，如石膏装饰线条与纸面石膏板之间的衔接、纸面石膏板吊顶与玻璃、金属、皮革等材料造型之间的协调关系。

办公空间顶棚设计另一个棘手的问题是如何协调设计灯光、风口、检修口、烟感器、喷淋头的位置及尺寸。因为办公空间所选用的灯具多为格栅日光灯，且分布形式是中规中矩的，其尺寸、造型比较单一，所以这就要求设计师在设计风口、检修口等位置、尺寸时要与之相对应，必须按板块、图案、分格对称布局，各设计元素排列需均匀、顺直、整齐、美观。

2. 墙面

办公空间墙面处理不仅要考虑室内敞亮效果和艺术风格的要求，而且要考虑室内使用功能与空间分隔的技术要求。设计师要协调好各种不同空间对墙面材料的要求与限制，包括一些墙体隔断的隔声处理。

模组化办公隔断是近几年出现的一种较高级隔断，它是采用铝合金结构，以硅酸钙板、冲孔金属板、玻璃、三聚氰胺面板、布质面板或木质面板等多样材料制作成的模组化墙体。在工厂制作完成模组件，运至工地安装，无须二次湿作业，营建效率高，是一种新型的现代办公隔断。

3. 地面

办公空间的地面铺装材料比较丰富，涉及花岗石、大理石、瓷地砖、防滑地砖、PVC地板、实木地板、防静电地板、地毯、环氧树脂自流平地面等众多的材料。设计时要根据具体空间环境来选择相应合适的装饰材料，入口门厅处多选用硬质铺装材料，如花岗石、瓷砖等；而内部的办公空间则多选用软质铺装材料，如方块地毯等。

大型办公空间要协调设计好地面线槽与地板之间的关系，充分预留好地面强弱电线路、线管的空间和位置，如果采用架空地板，应在保证地板下线槽铺设空间的前提下，尽量控制架空地板的高度，确保室内办公空间的层高。

图纸部分

二 办公空间 1 办公楼大厅

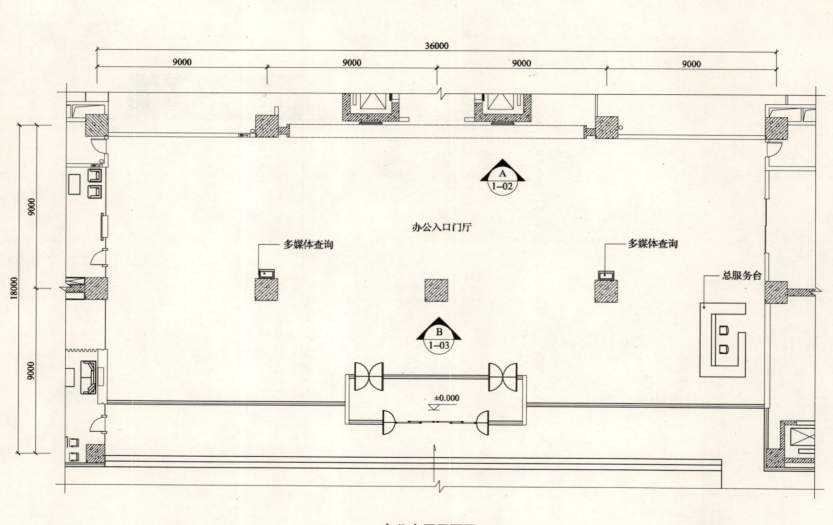

办公大厅平面图

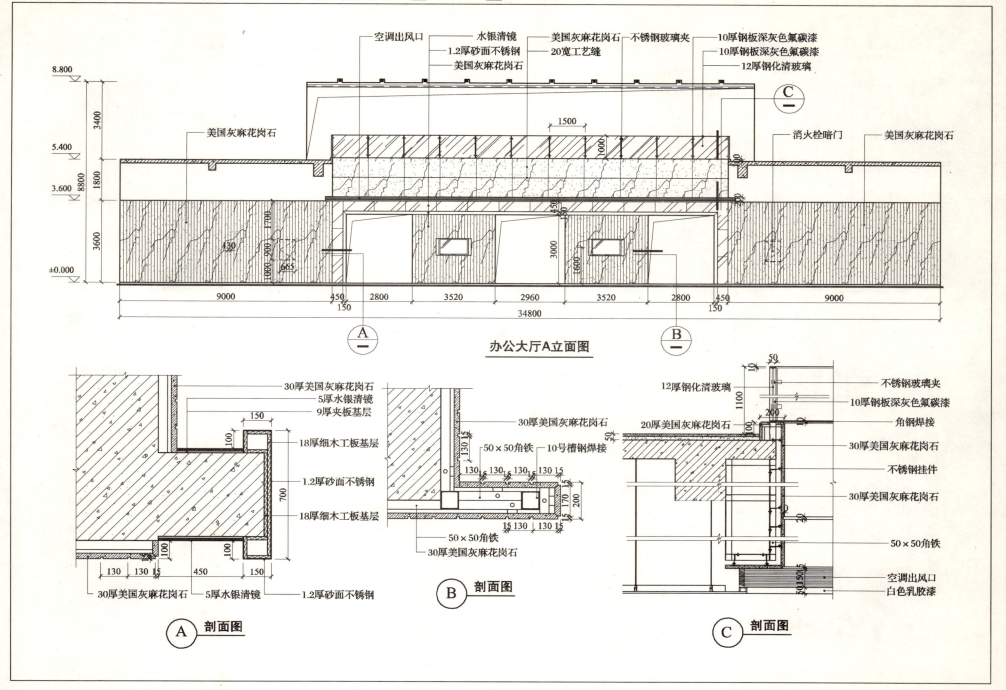

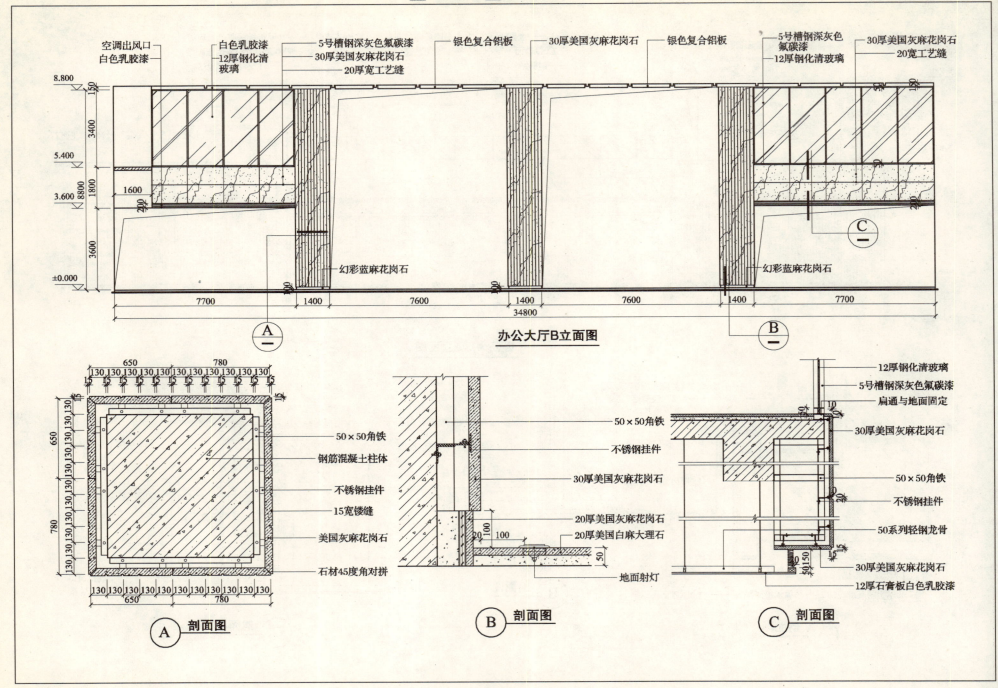

二 办公空间 1 办公楼大厅

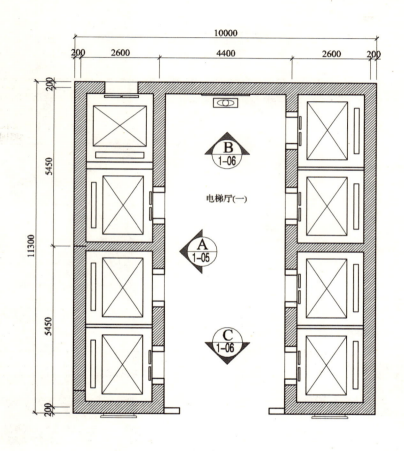

电梯厅(一)平面图

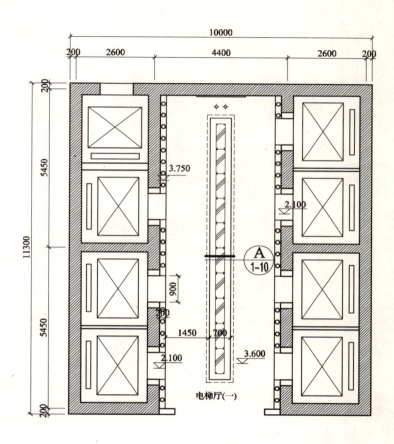

电梯厅(一)顶棚图

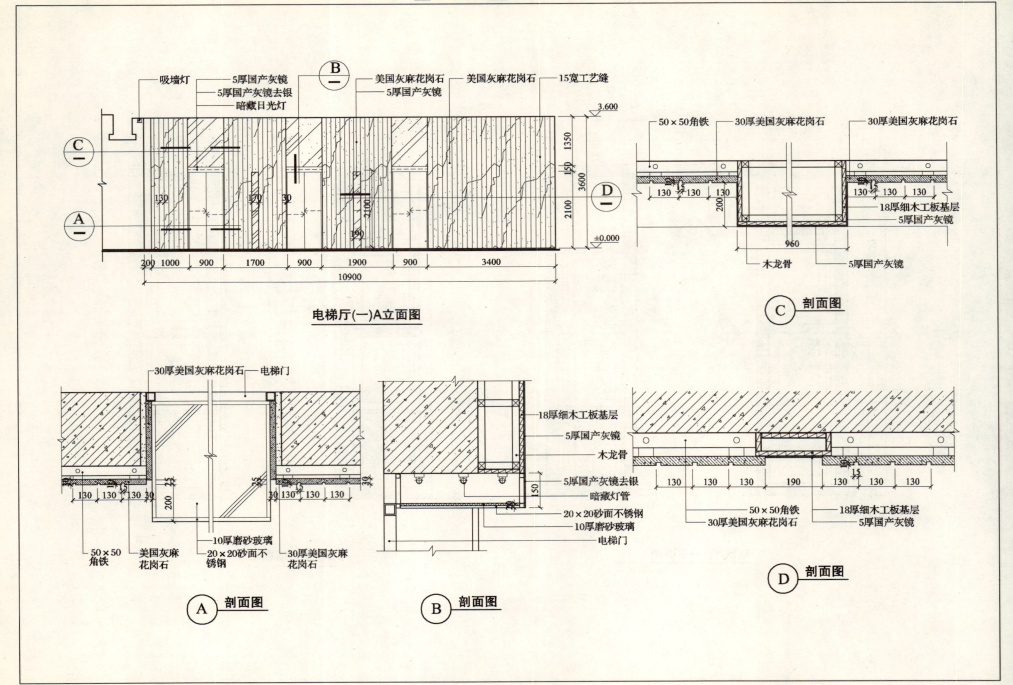

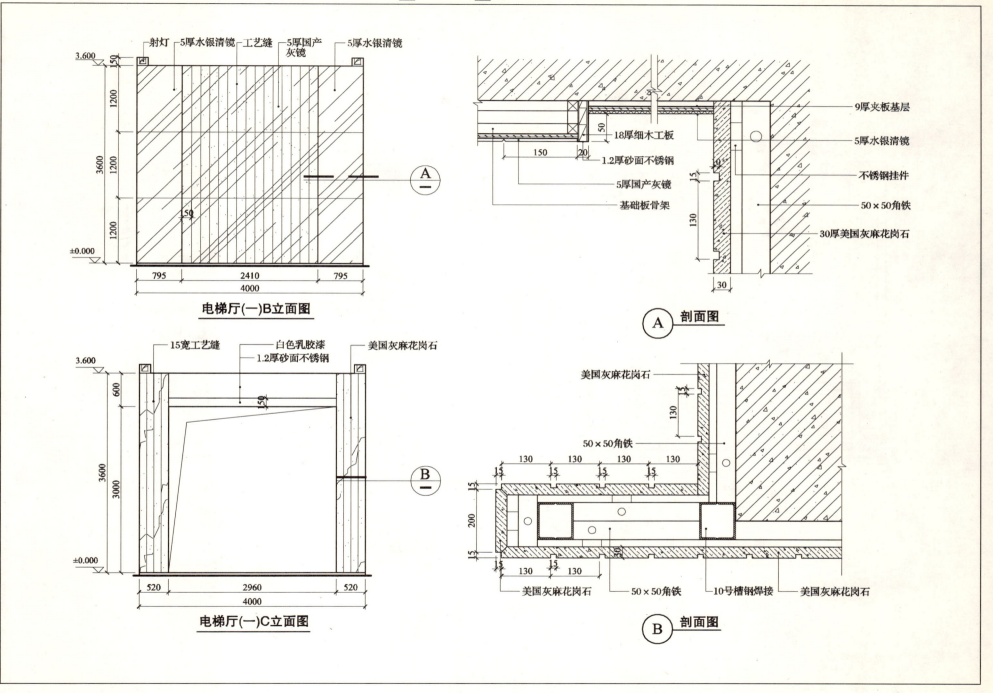

二 办公空间 1 办公楼大厅

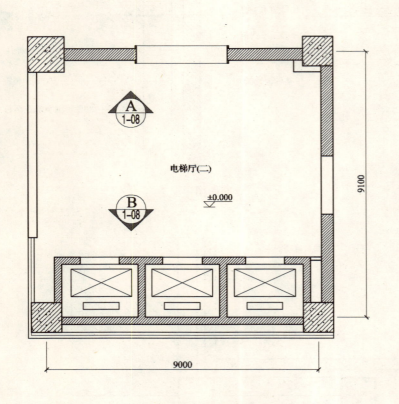

电梯厅(二)平面图

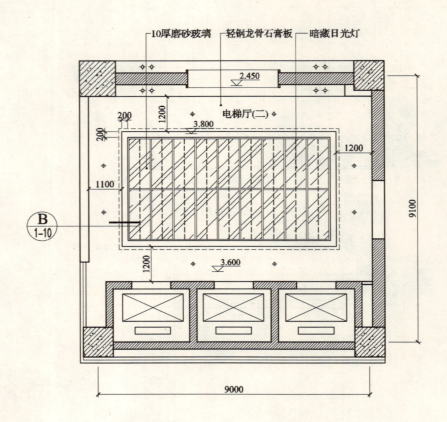

电梯厅(二)顶棚图

176

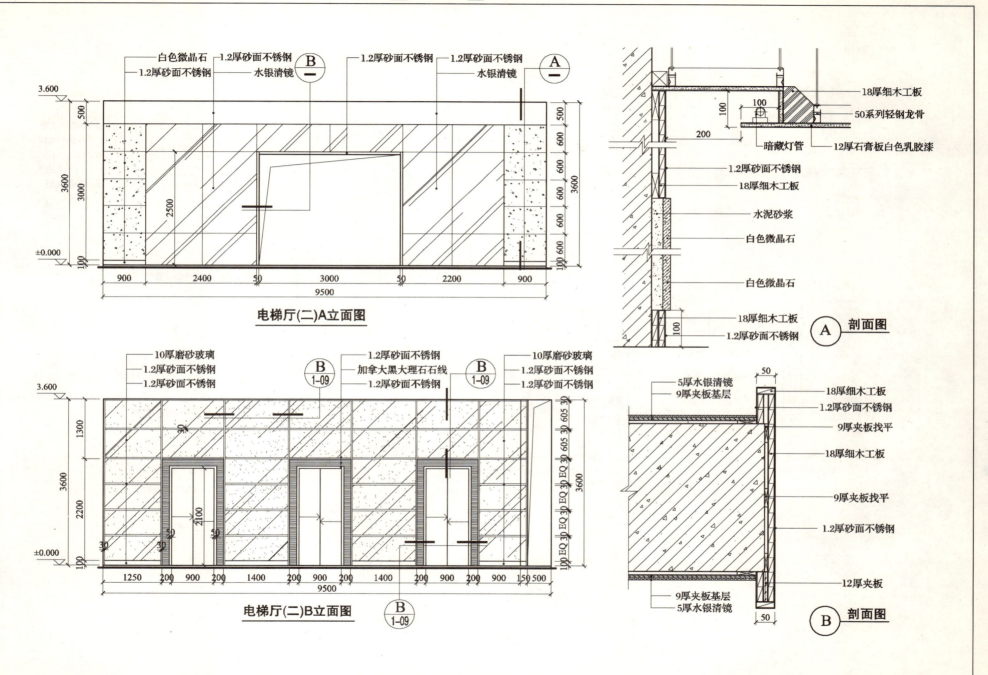

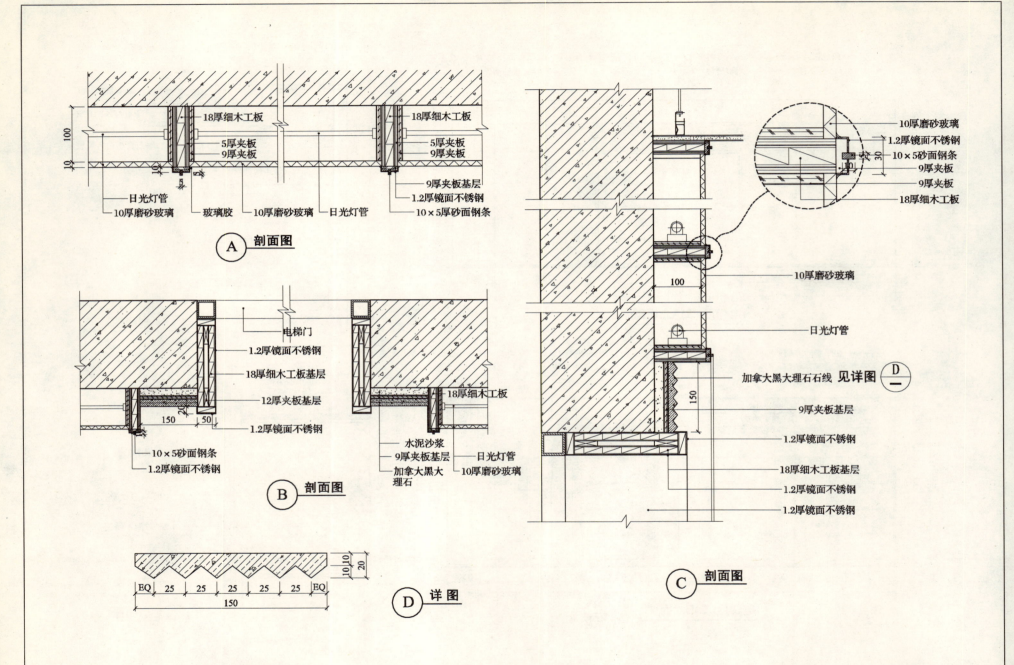

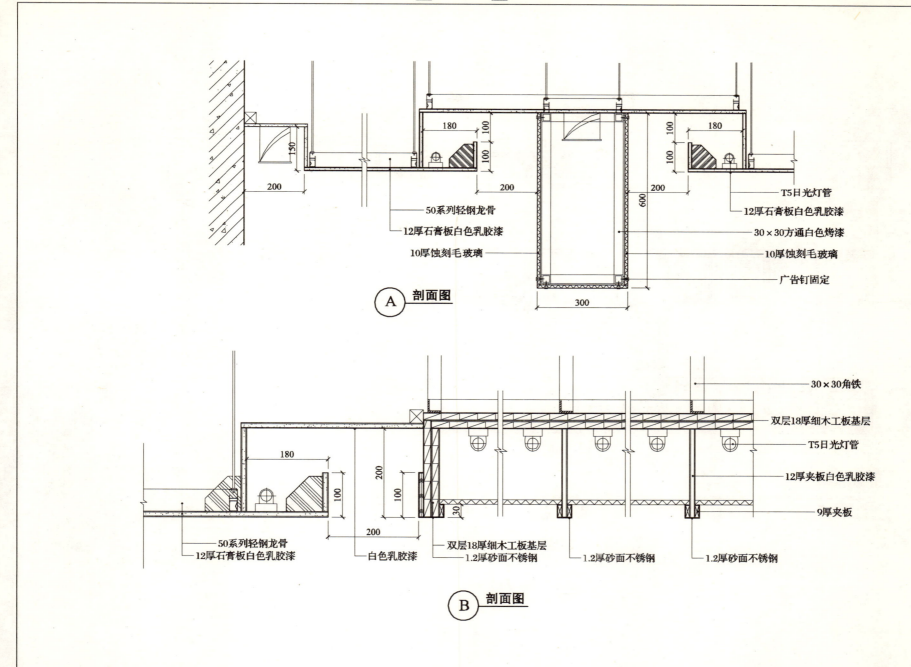

二 办公空间 1 办公楼大厅

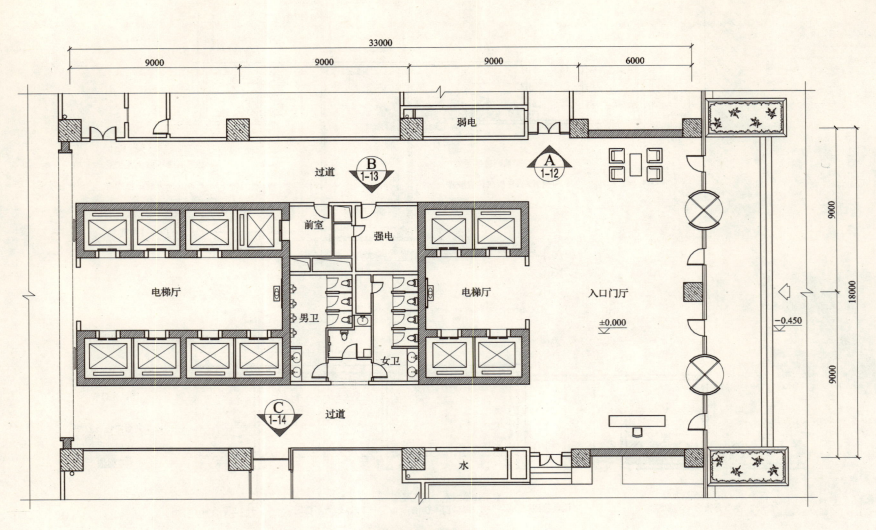

办公过道立面图

二 办公空间 1 办公楼大厅

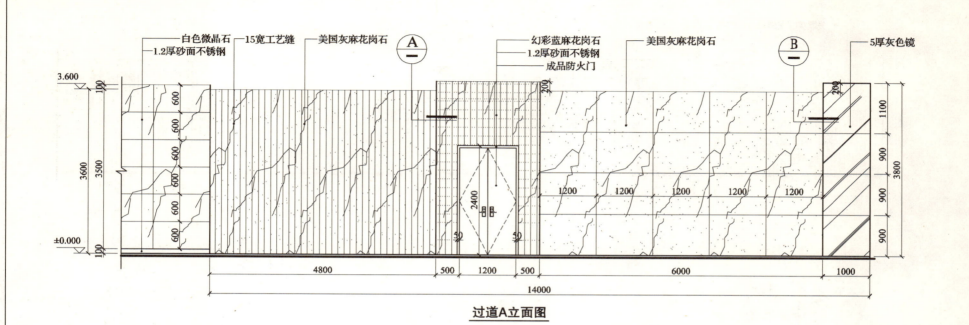

过道A立面图

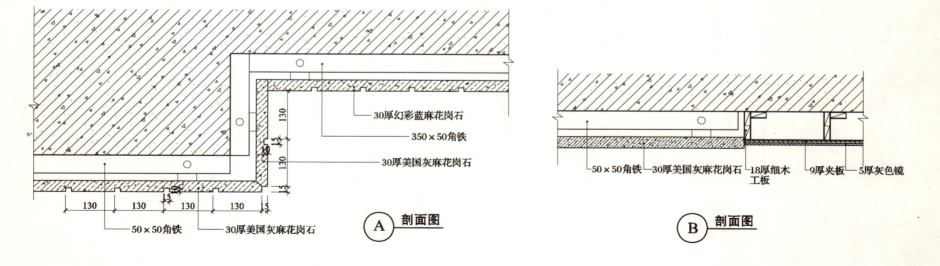

A 剖面图

B 剖面图

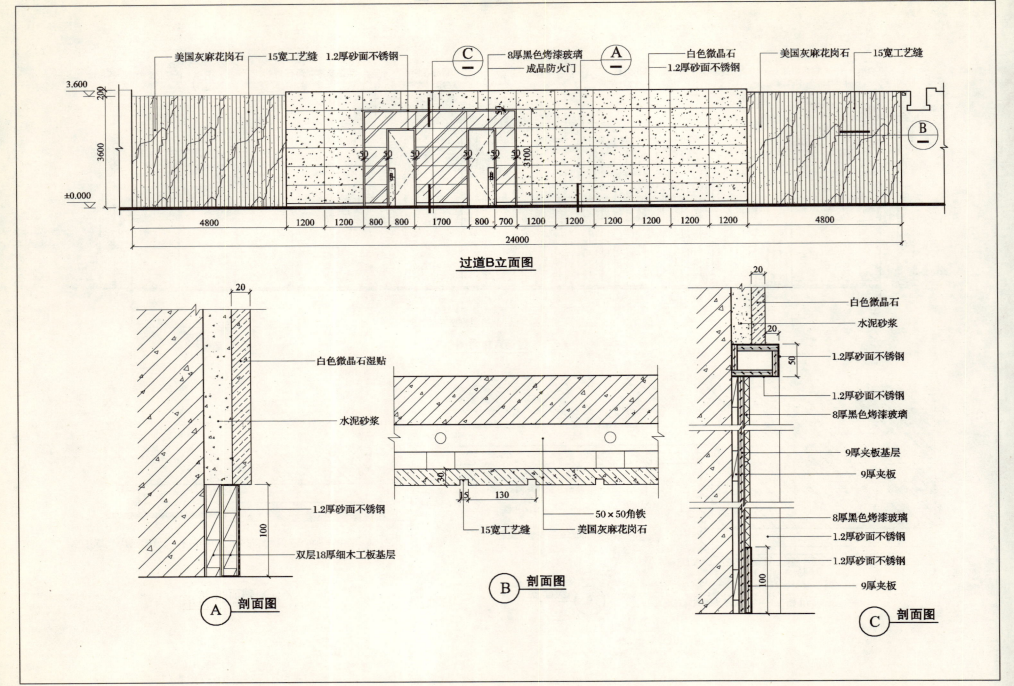

二 办公空间 1 办公楼大厅

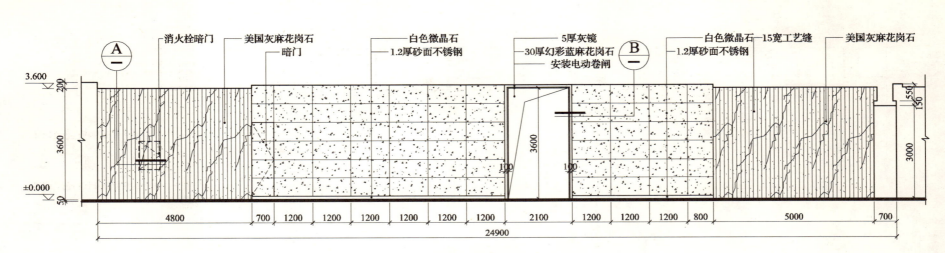

过道C立面图

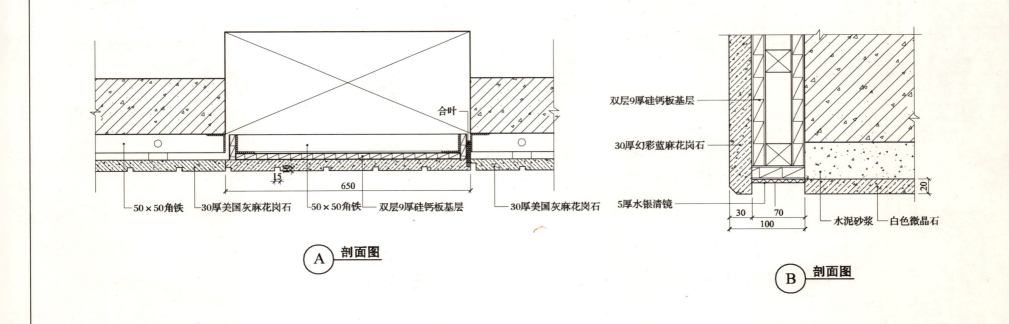

A 剖面图

B 剖面图

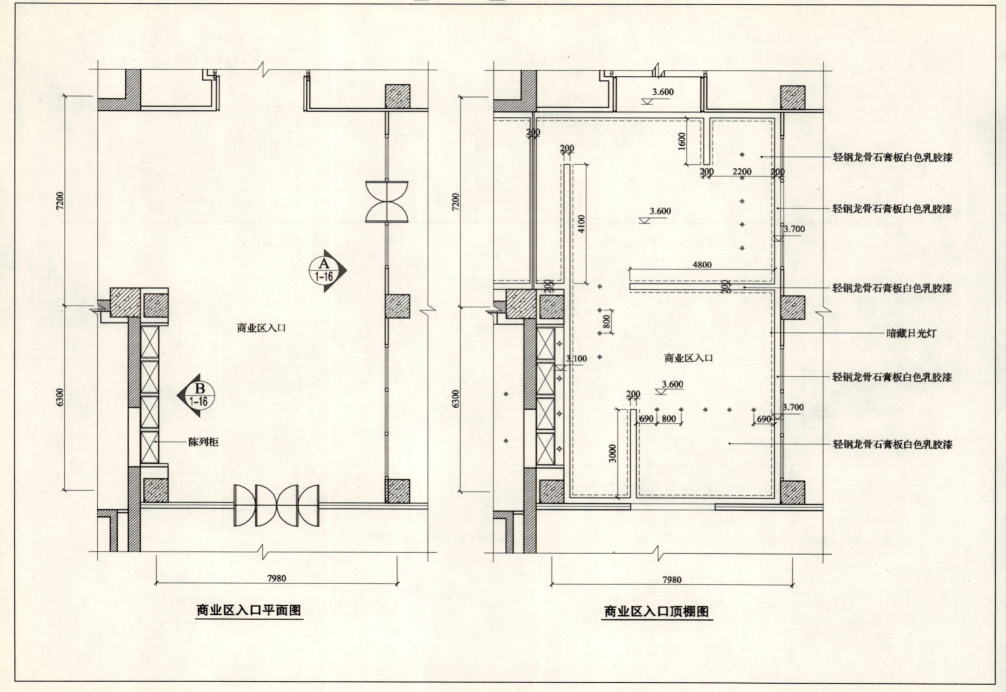

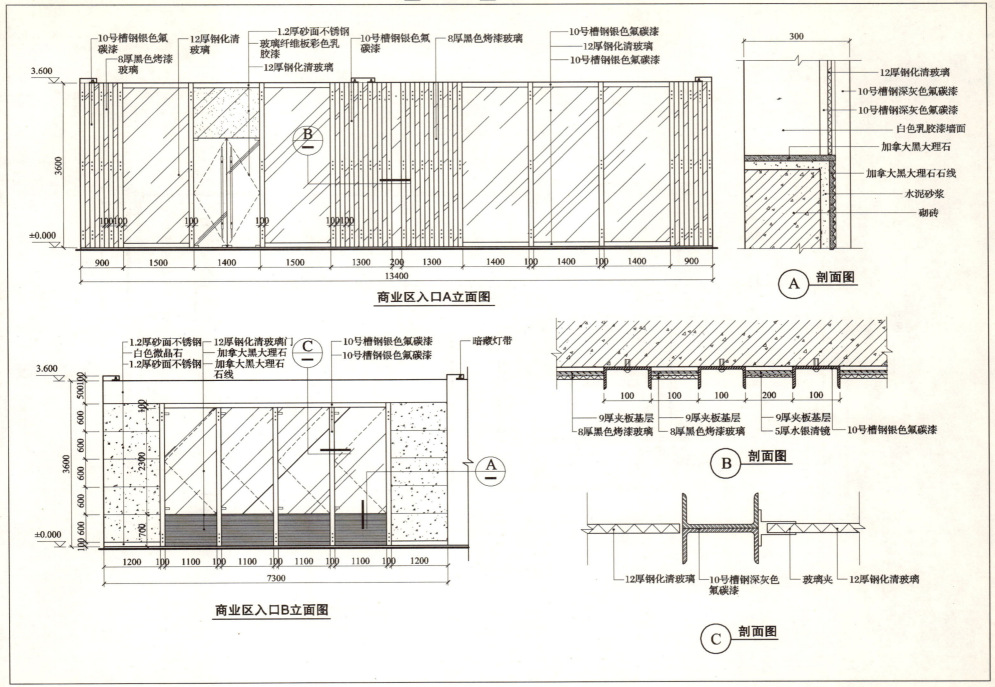

二 办公空间 1 办公楼大厅

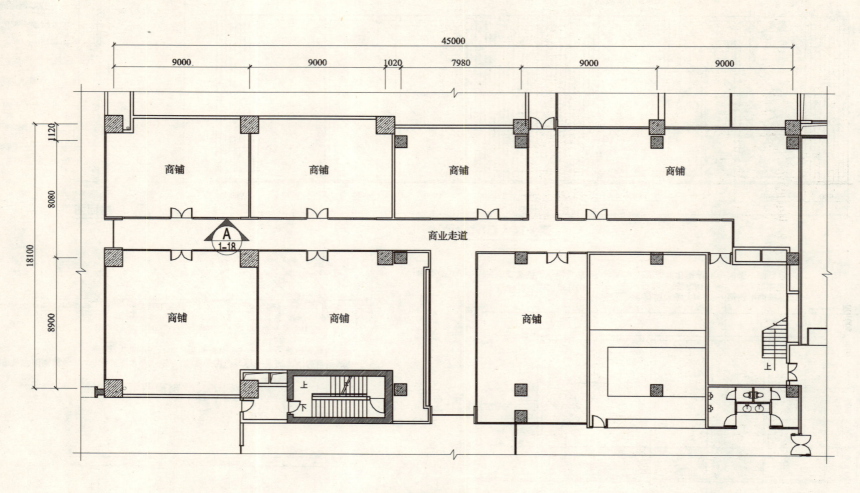

商业走道平面图

二 办公空间 1 办公楼大厅

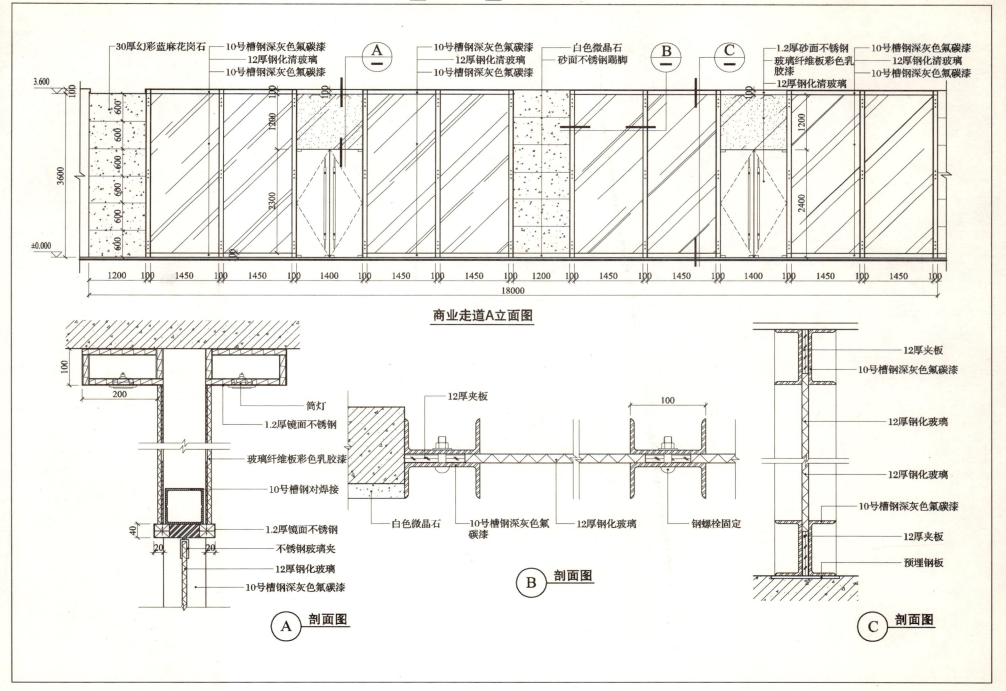

二 办公空间 1 办公楼大厅

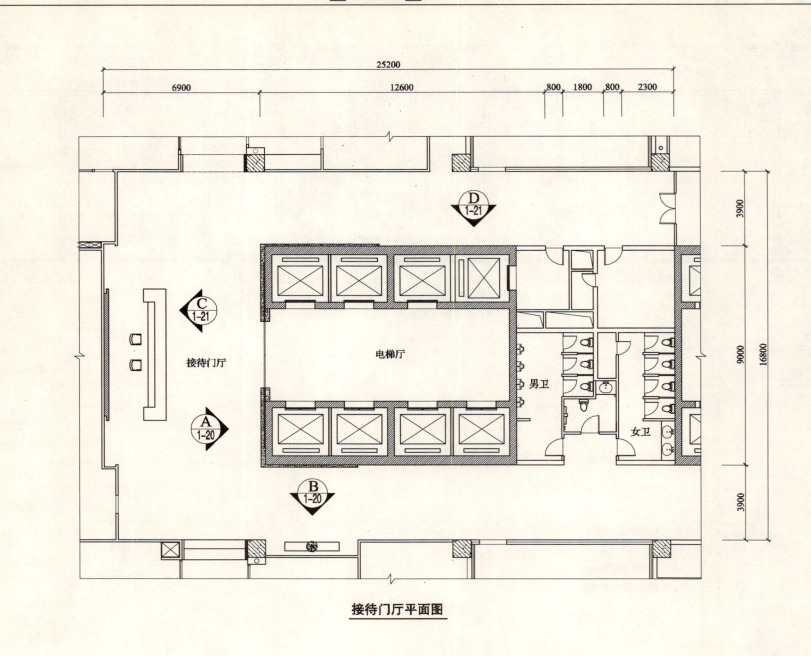

接待门厅平面图

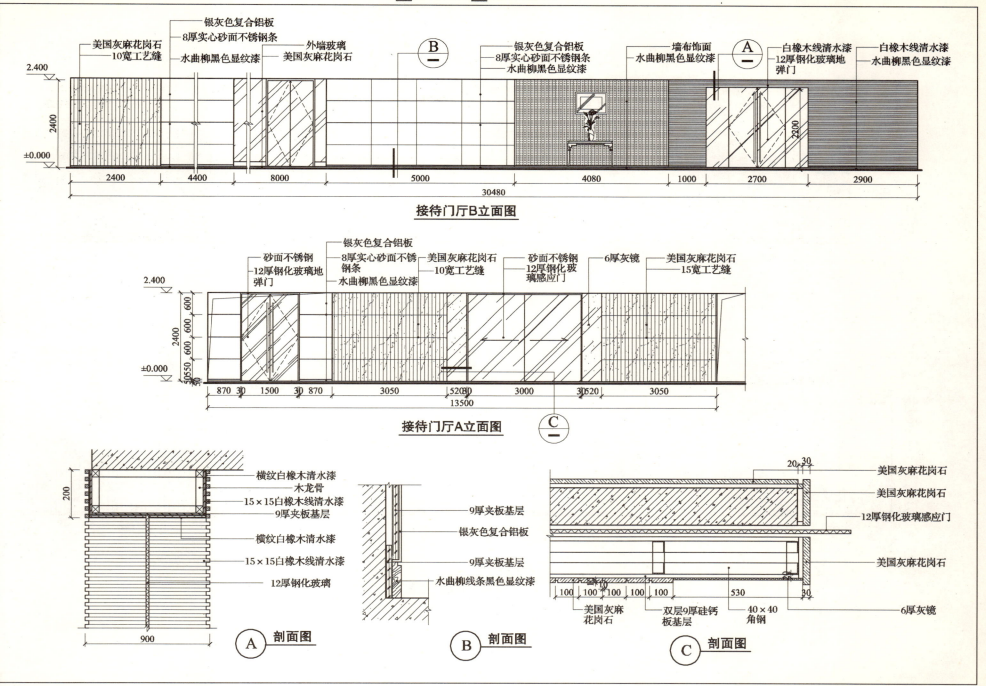

二 办公空间 1 办公楼大厅

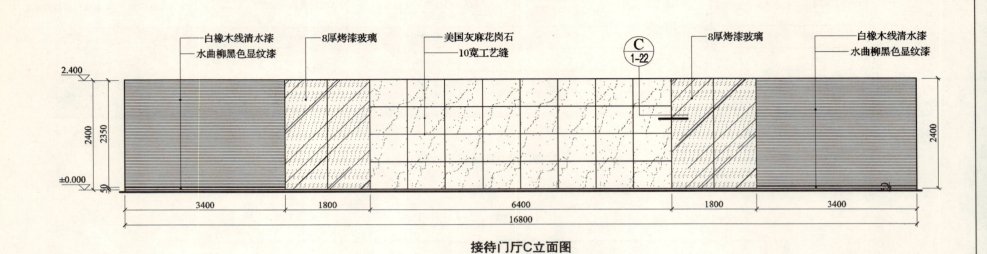

接待门厅C立面图

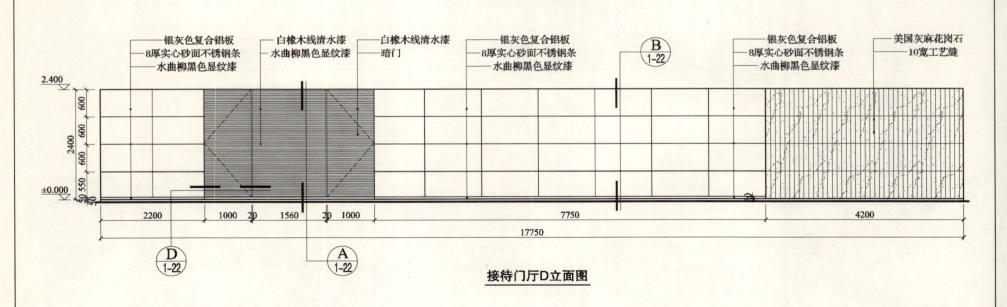

接待门厅D立面图

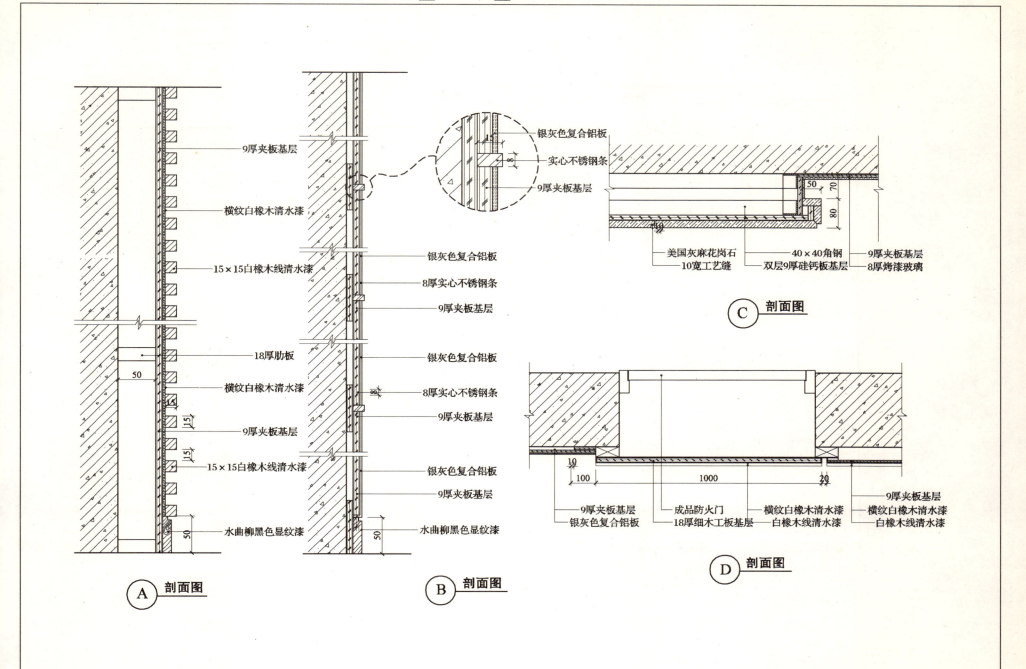

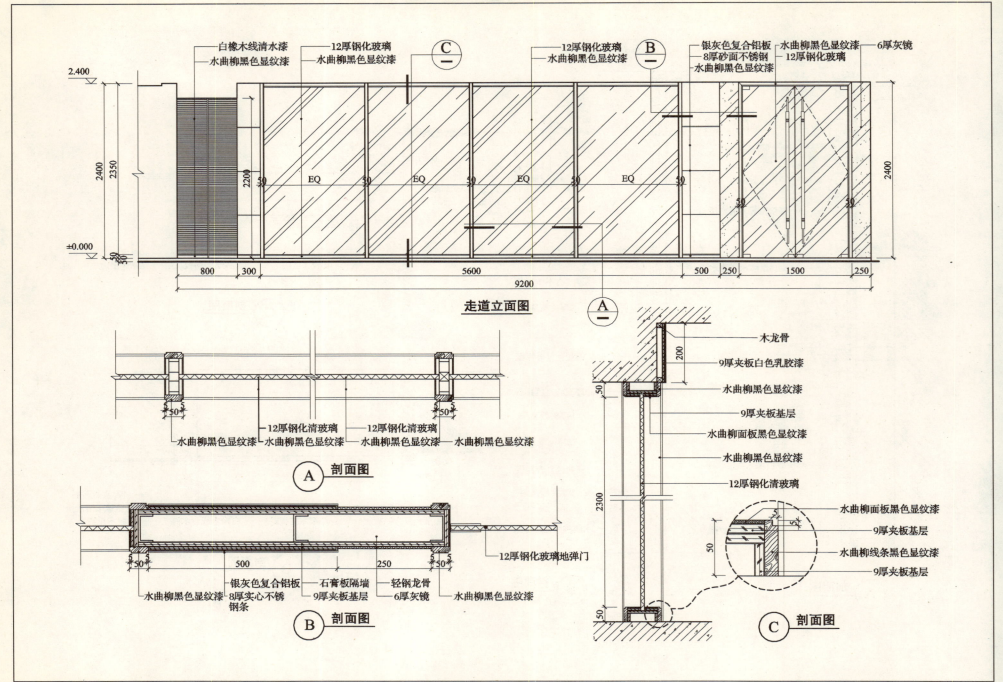

二 办公空间 1 办公楼大厅

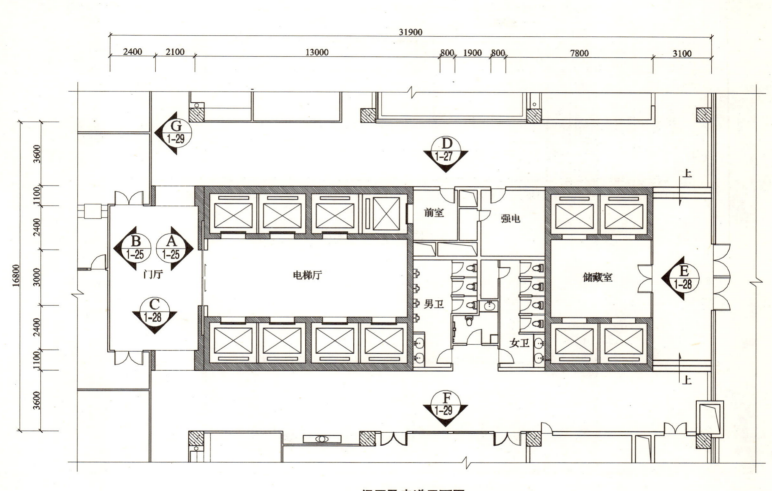

门厅及走道平面图

二 办公空间 1 办公楼大厅

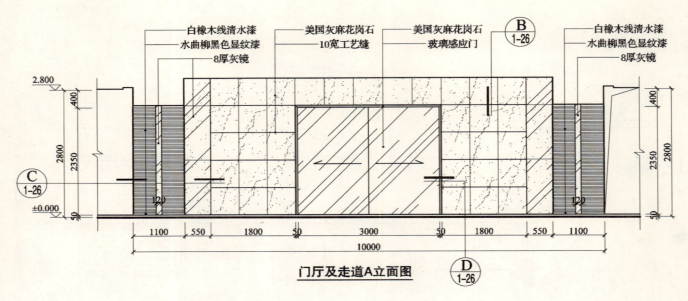

门厅及走道A立面图

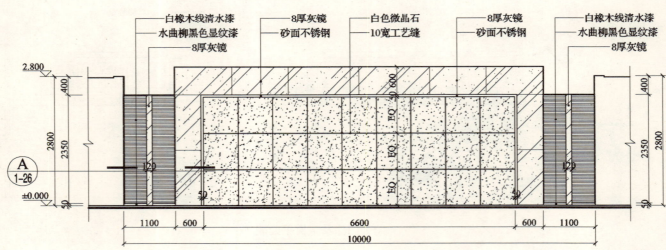

门厅及走道B立面图

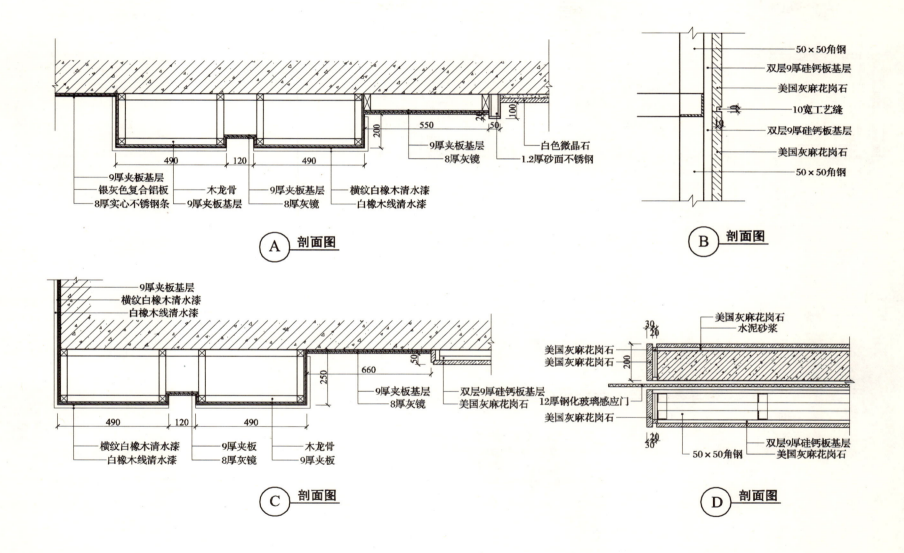

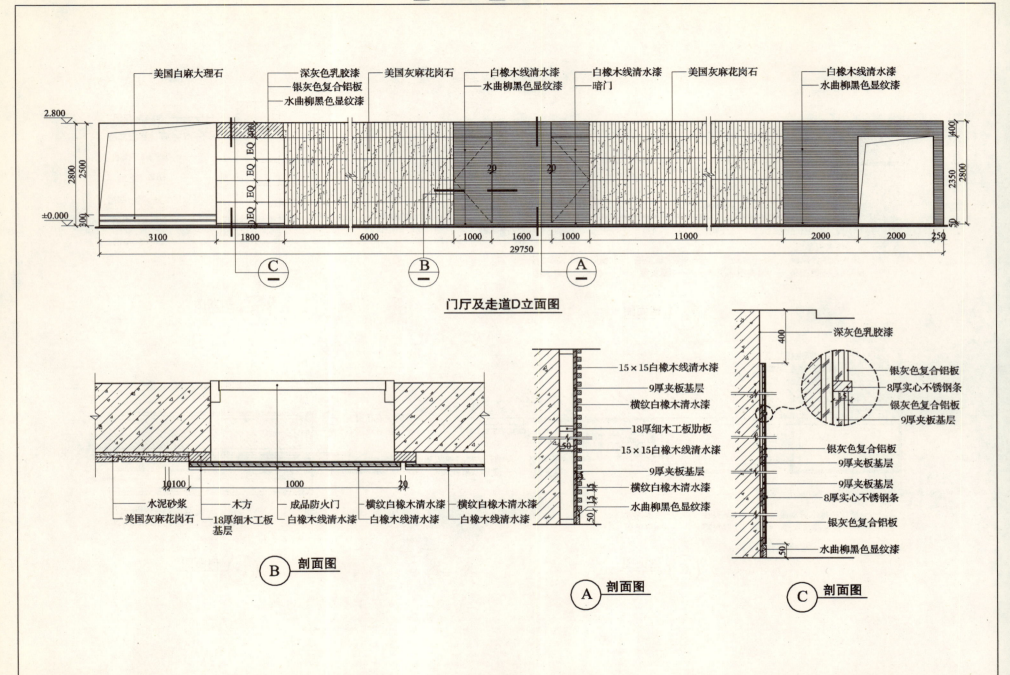

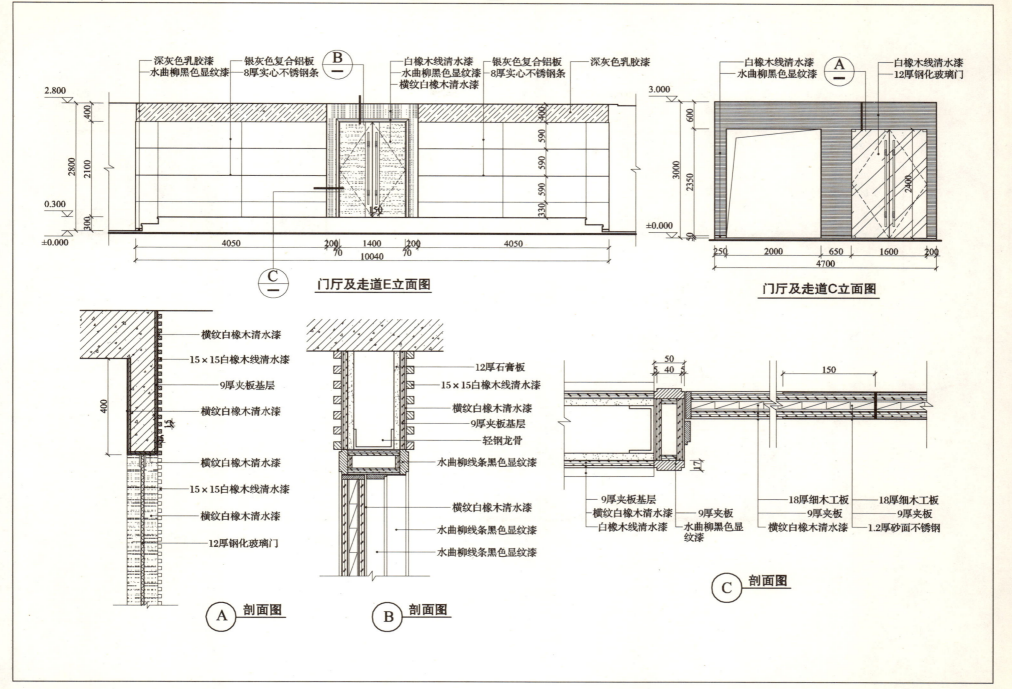

二 办公空间 1 办公楼大厅

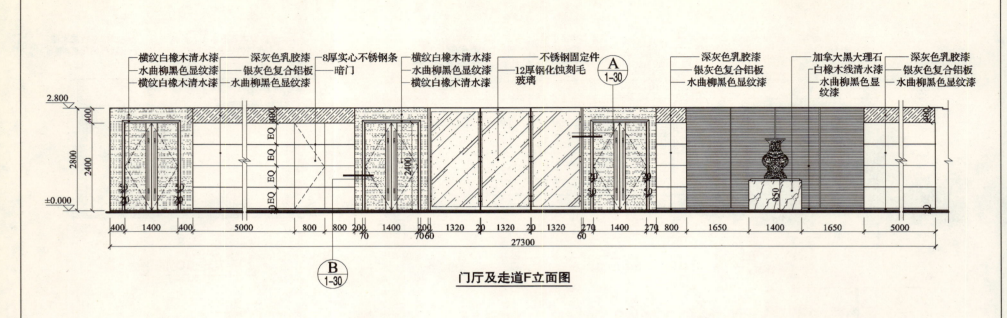

门厅及走道F立面图

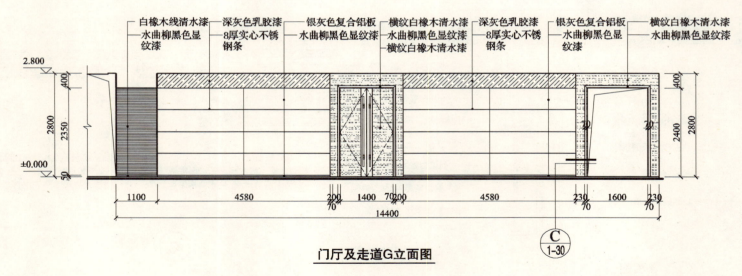

门厅及走道G立面图

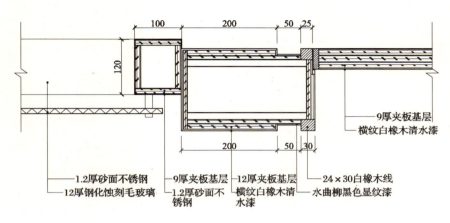

Ⓐ 剖面图

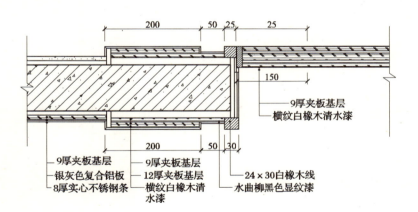

Ⓑ 剖面图

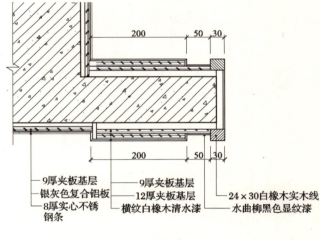

Ⓒ 剖面图

二 办公空间 2 办公室

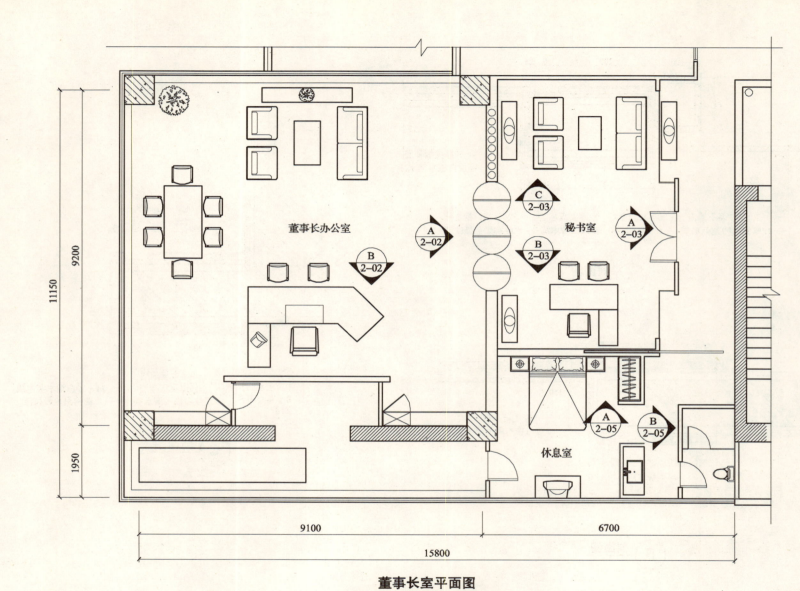

董事长室平面图

二 办公空间 2 办公室

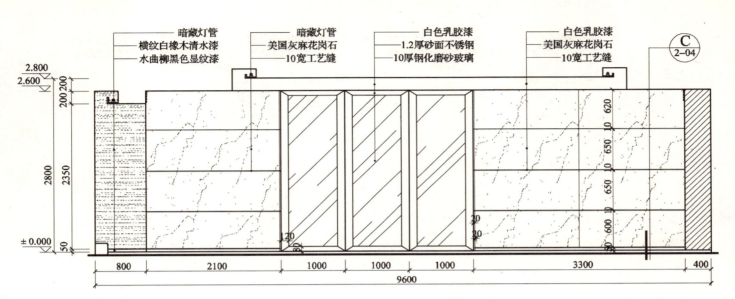

董事长室A立面图

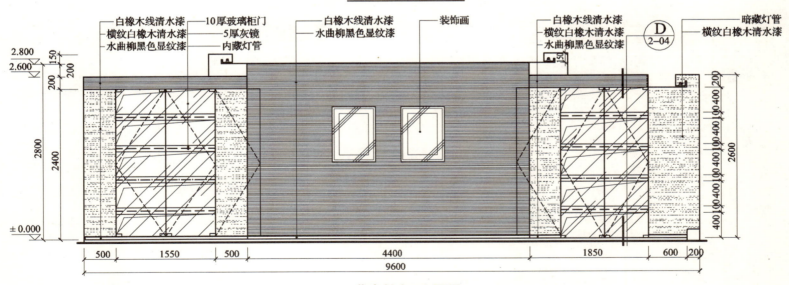

董事长室B立面图

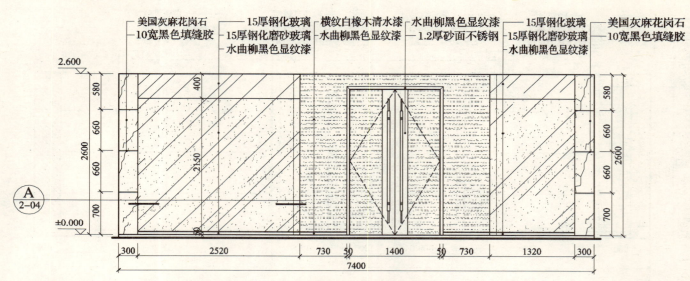

董事长秘书室A立面图

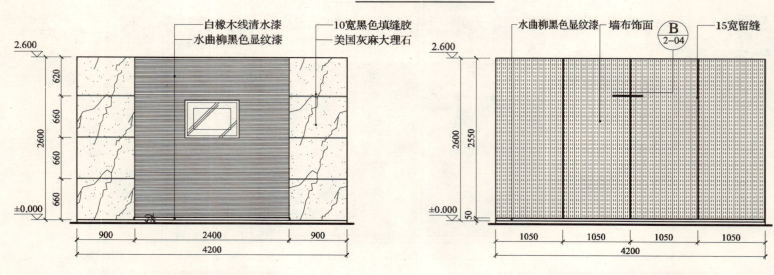

董事长秘书室B立面图

董事长秘书室C立面图

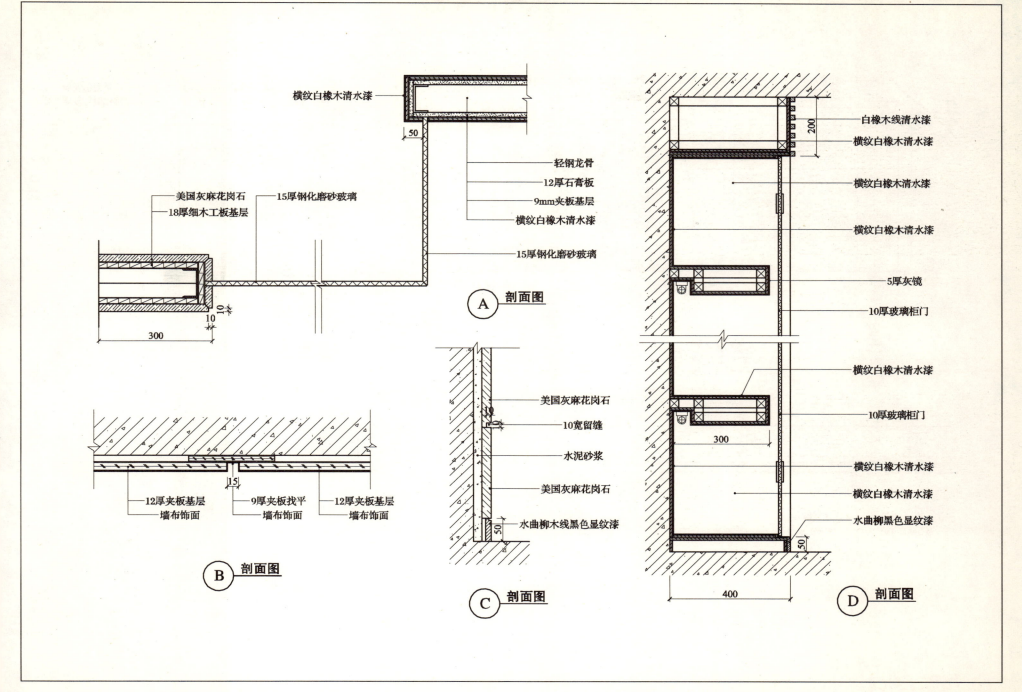

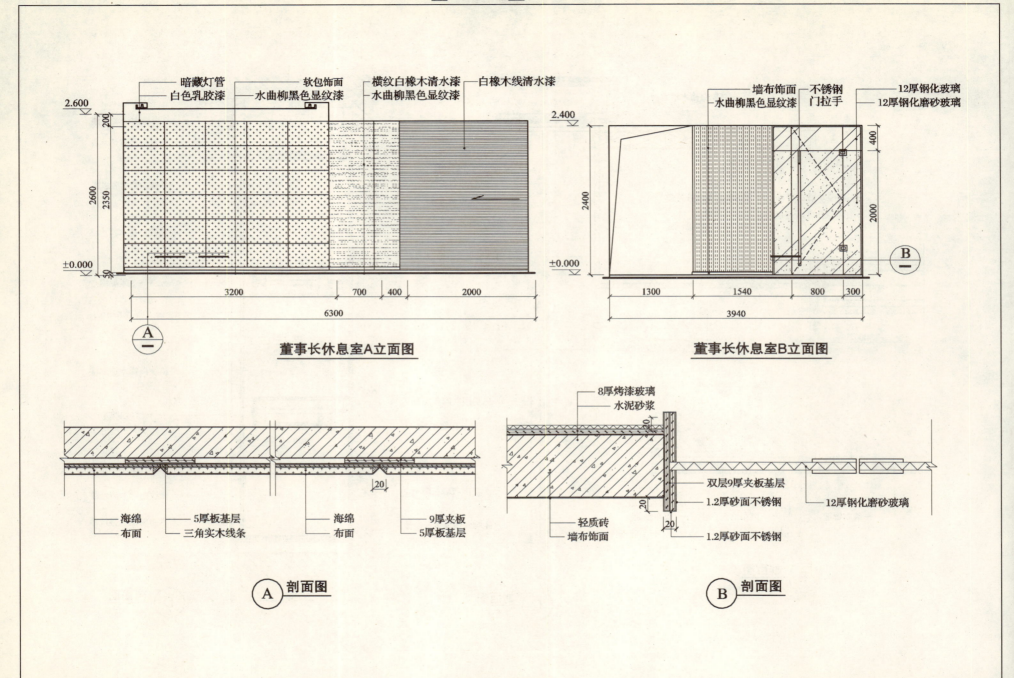

二 办公空间 ② 办公室

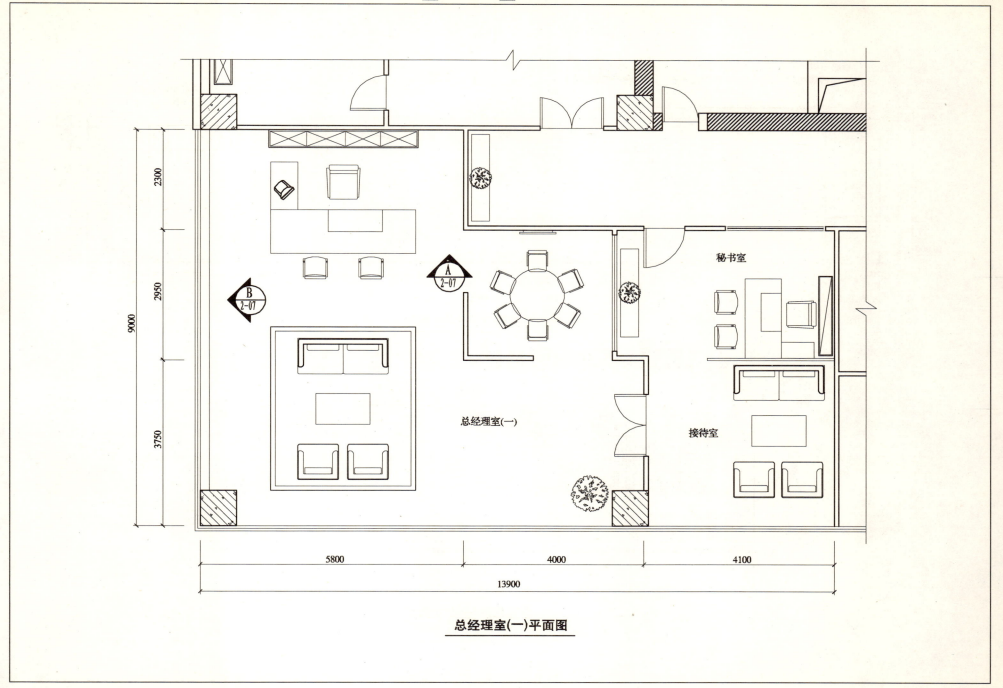

总经理室(一)平面图

二 办公空间 2 办公室

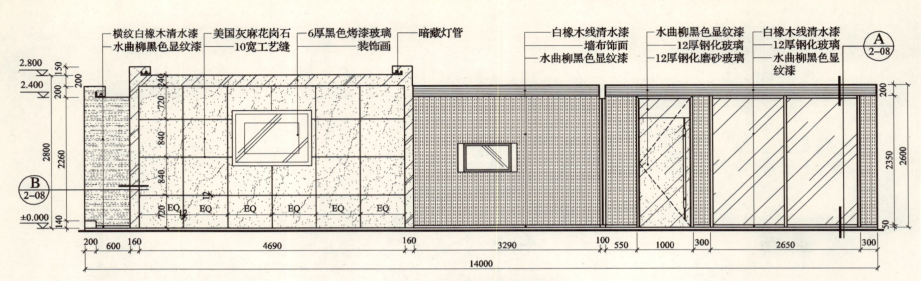

总经理室(一)A立面图

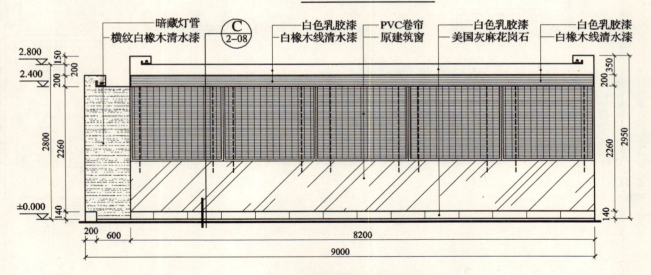

总经理室(一)B立面图

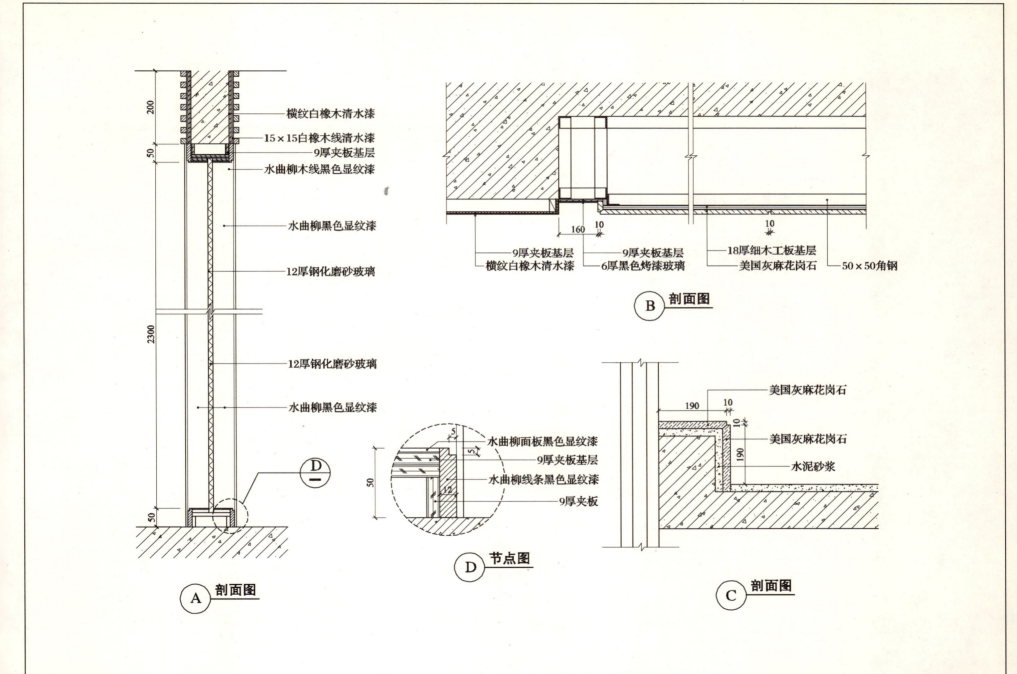

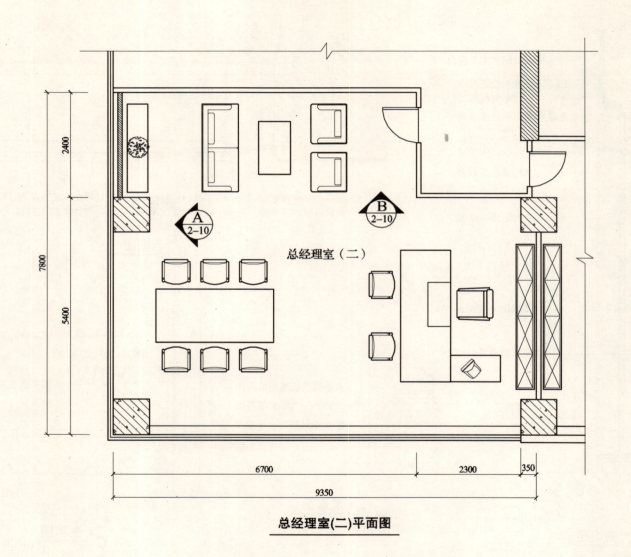

总经理室(二)平面图

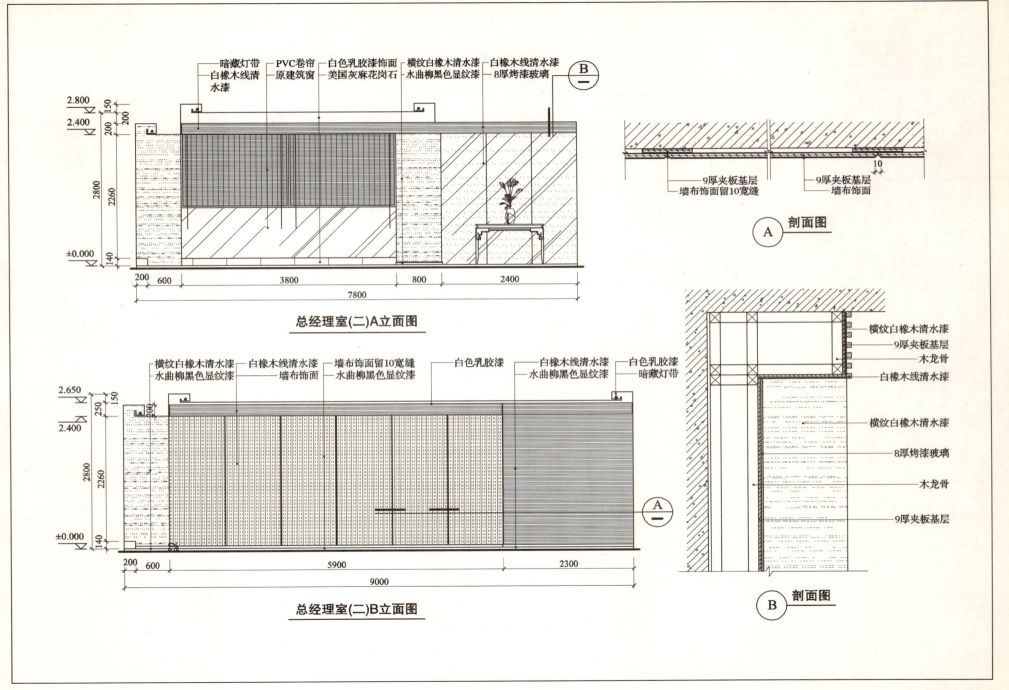

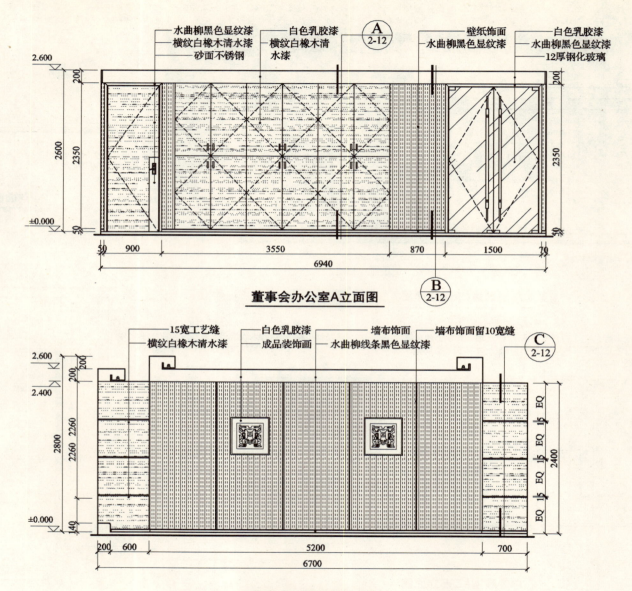

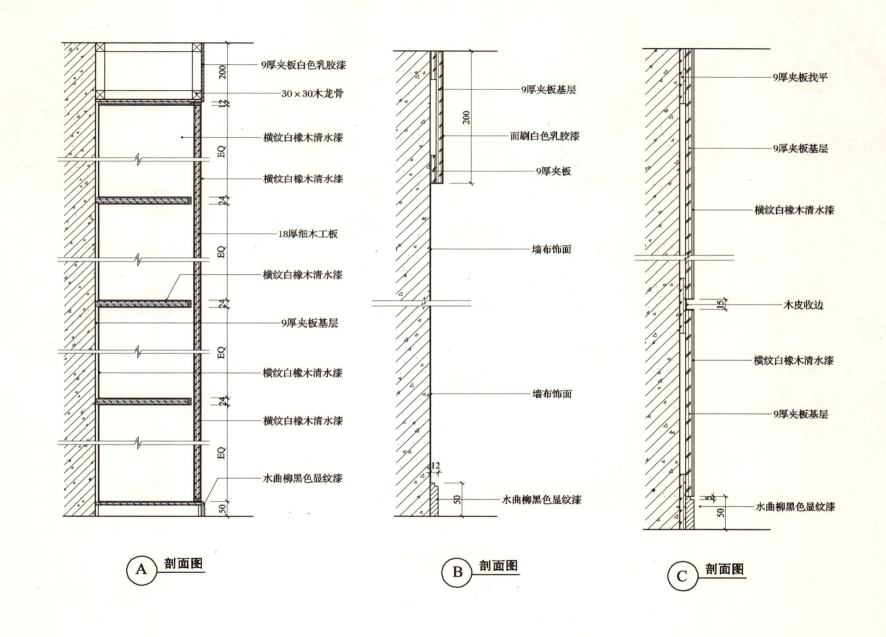

二 办公空间 3 会议室

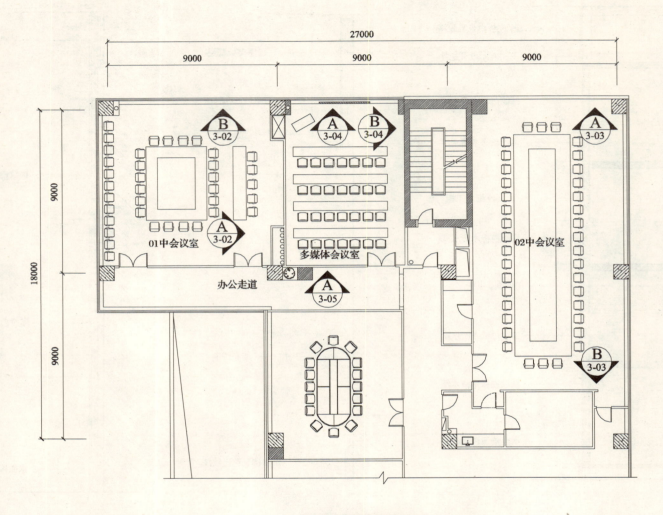

会议室平面图

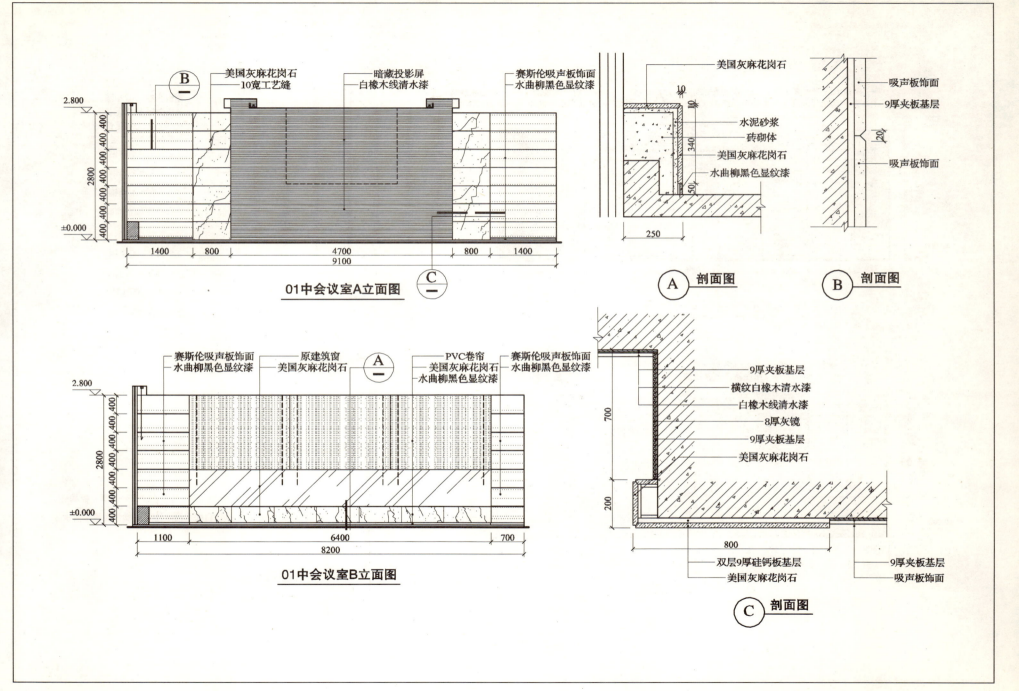

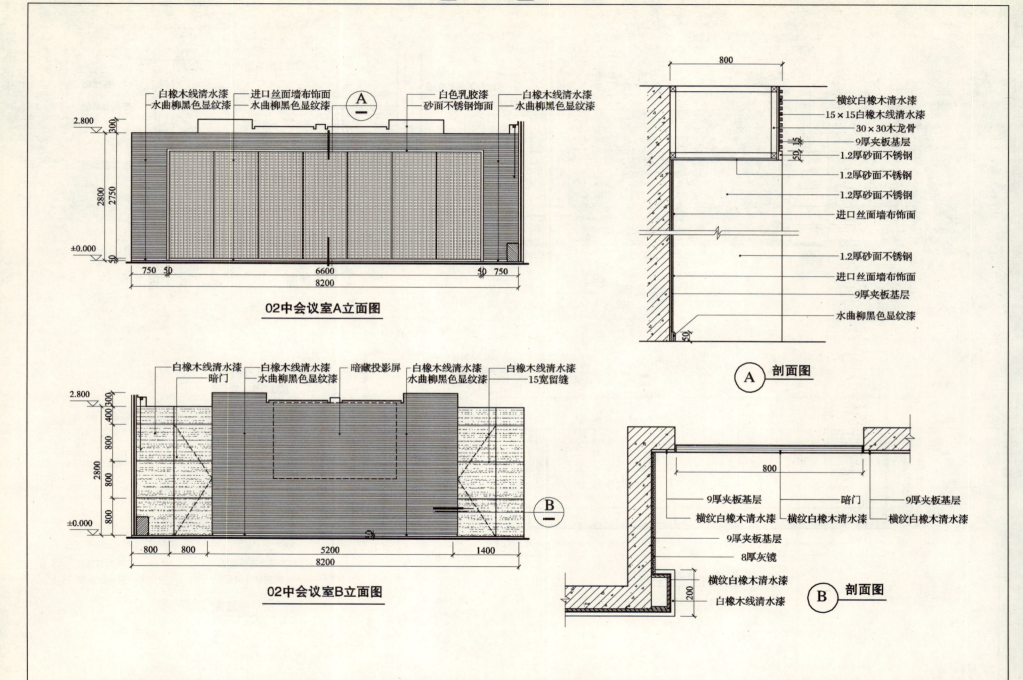

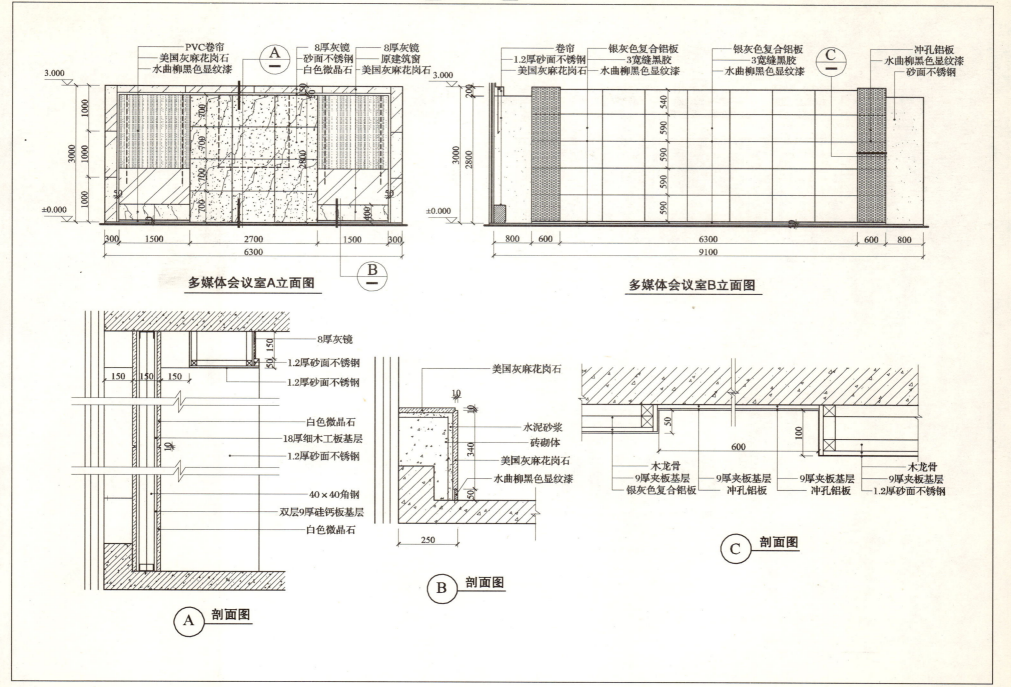

二 办公空间 3 会议室

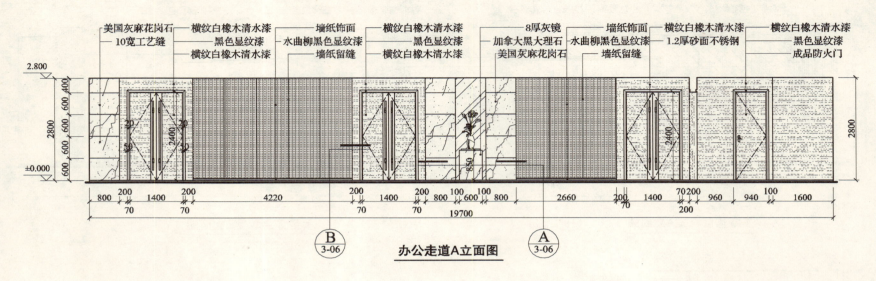

办公走道A立面图

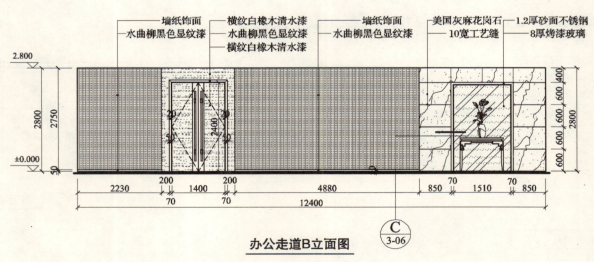

办公走道B立面图

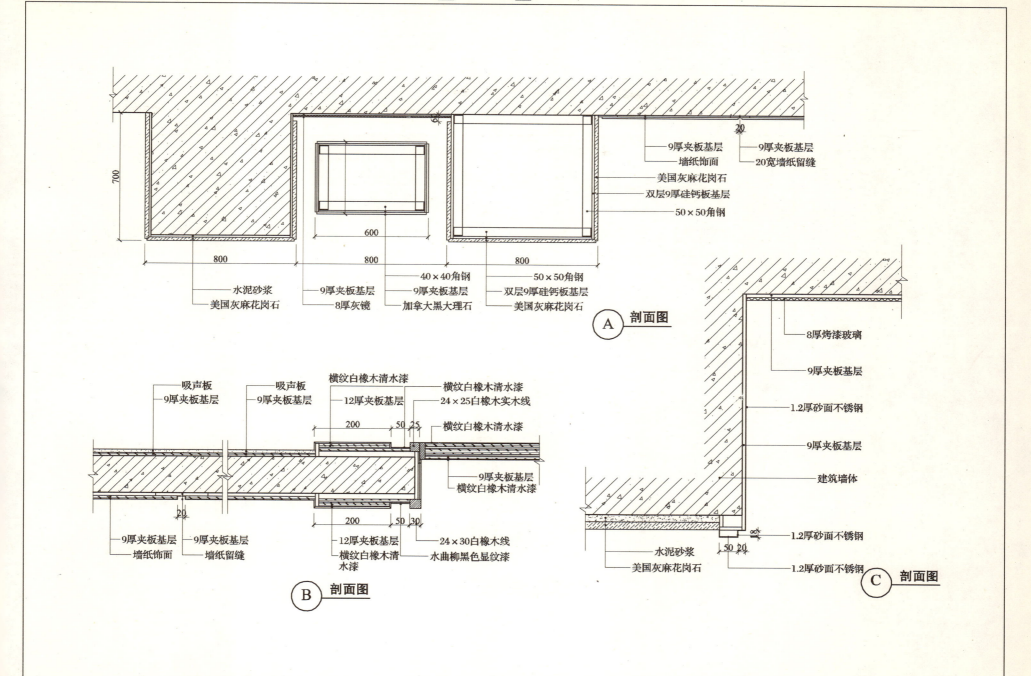

二 办公空间 3 会议室

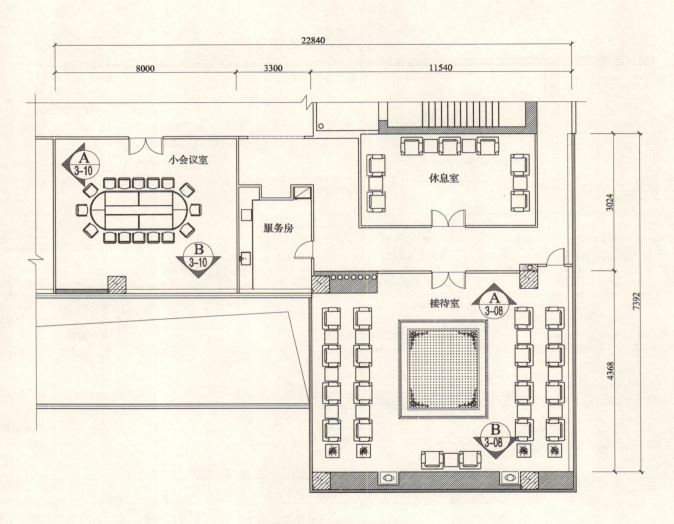

接待室及小会议室平面图

二 办公空间 3 会议室

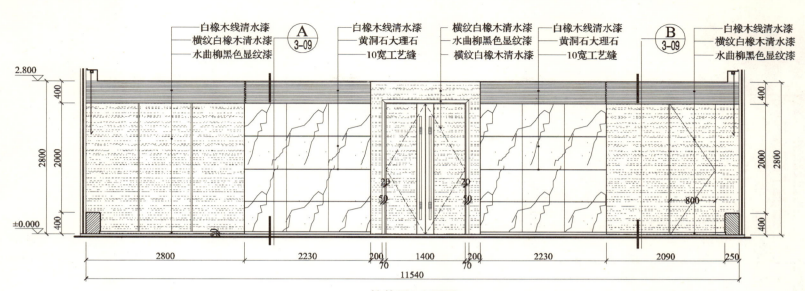

接待厅A立面图

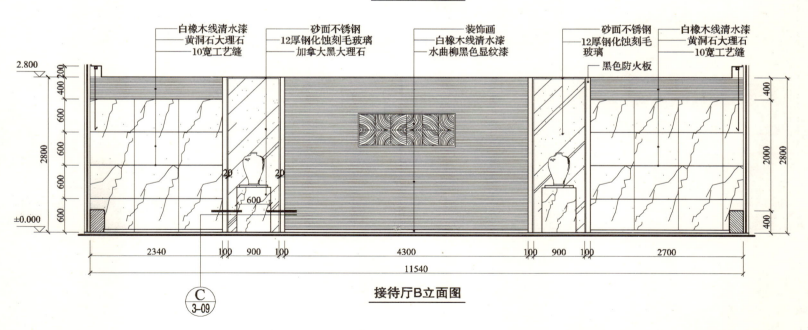

接待厅B立面图

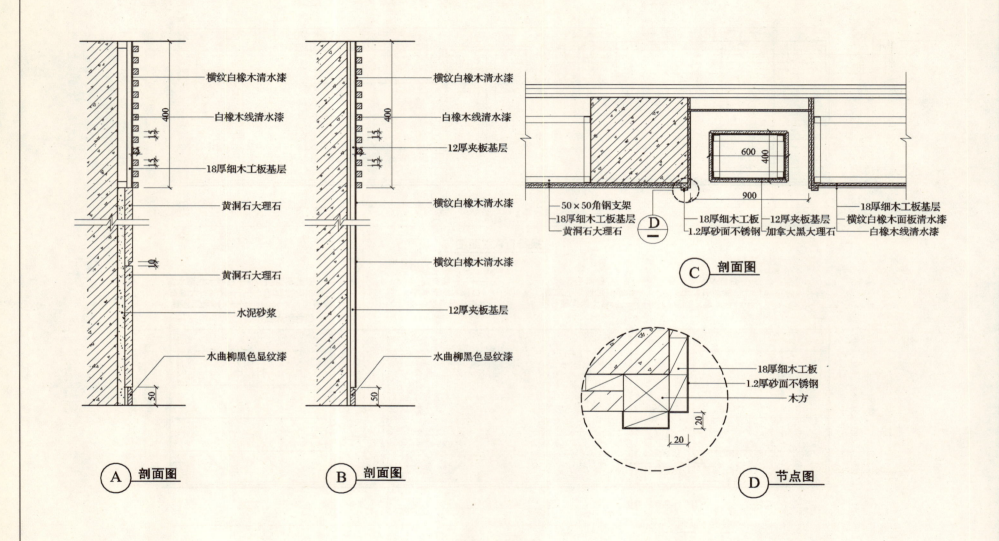

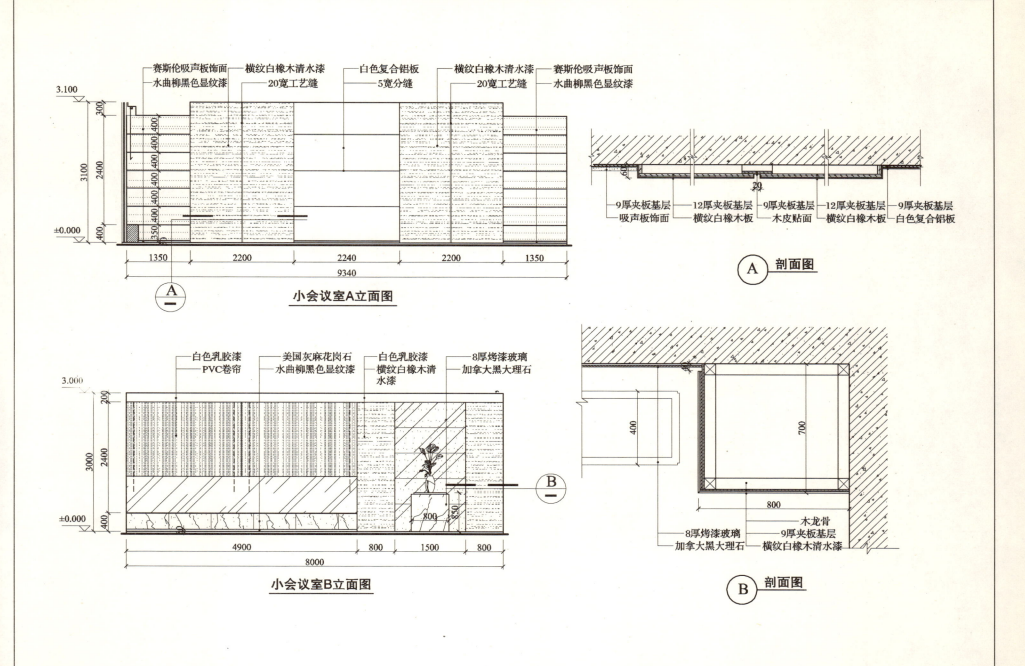

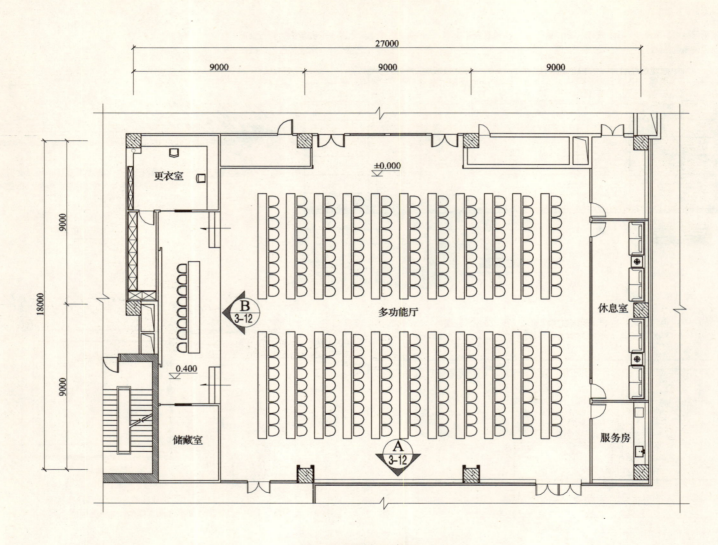

多功能厅平面图

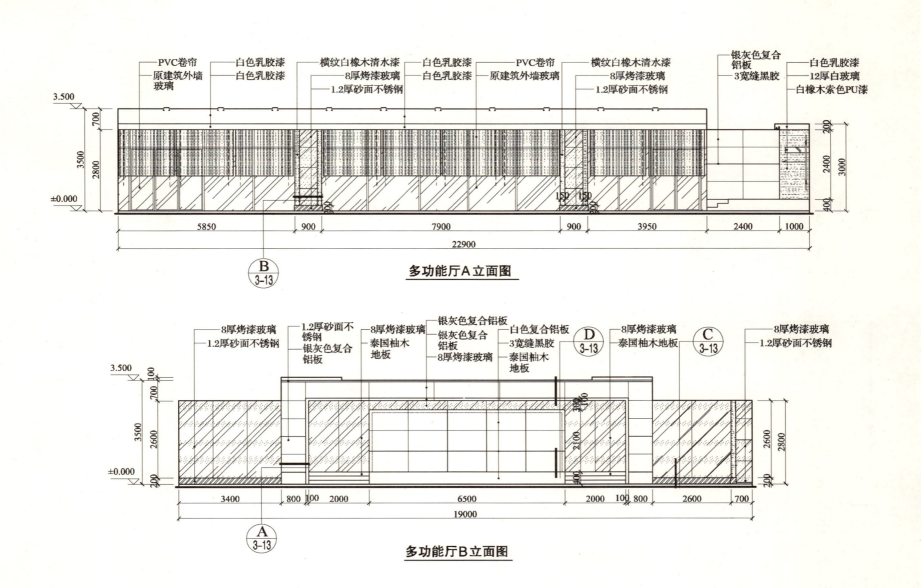

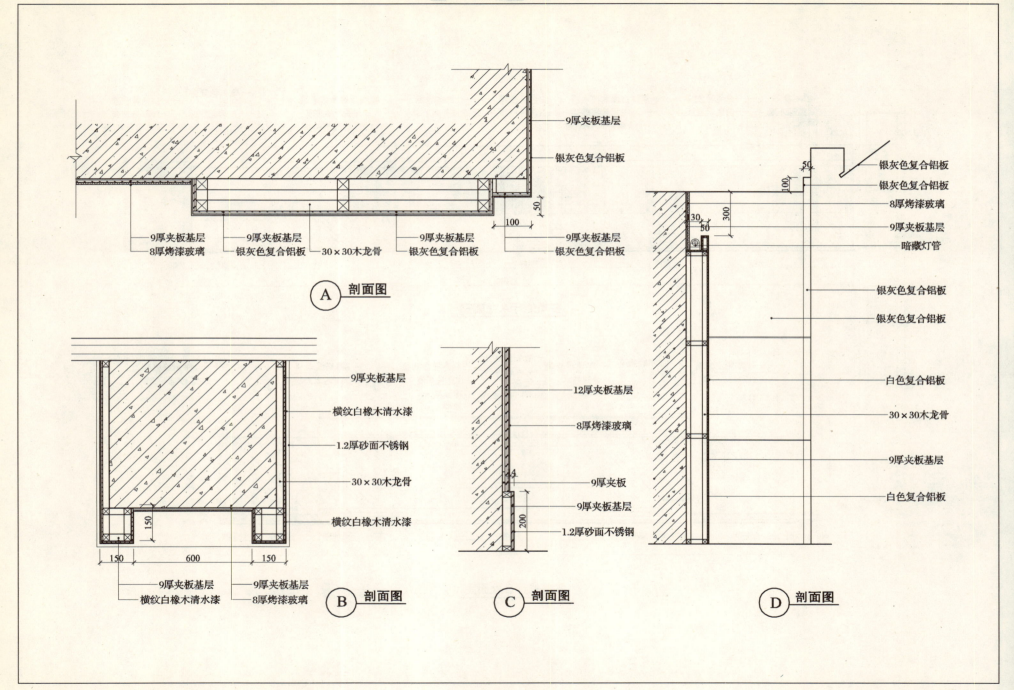

二 办公空间 ③ 会议室

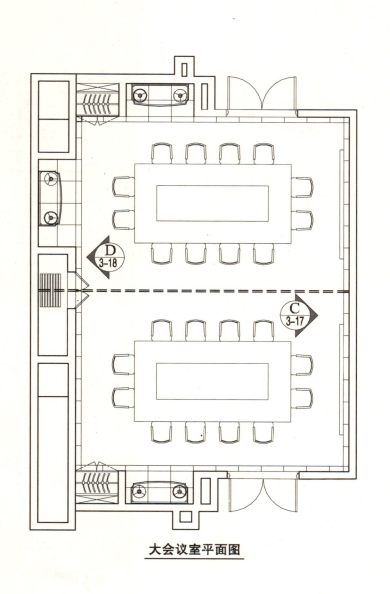

大会议室平面图

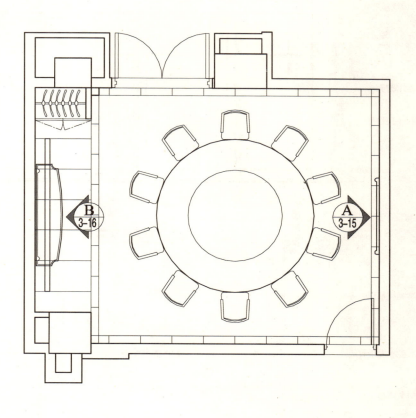

中会议室平面图

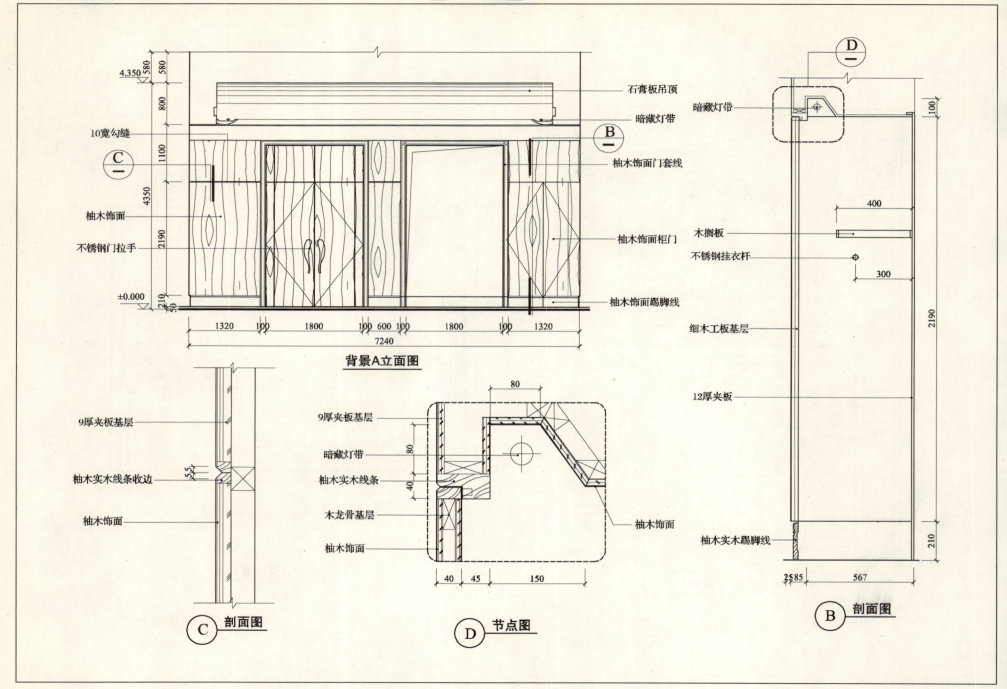

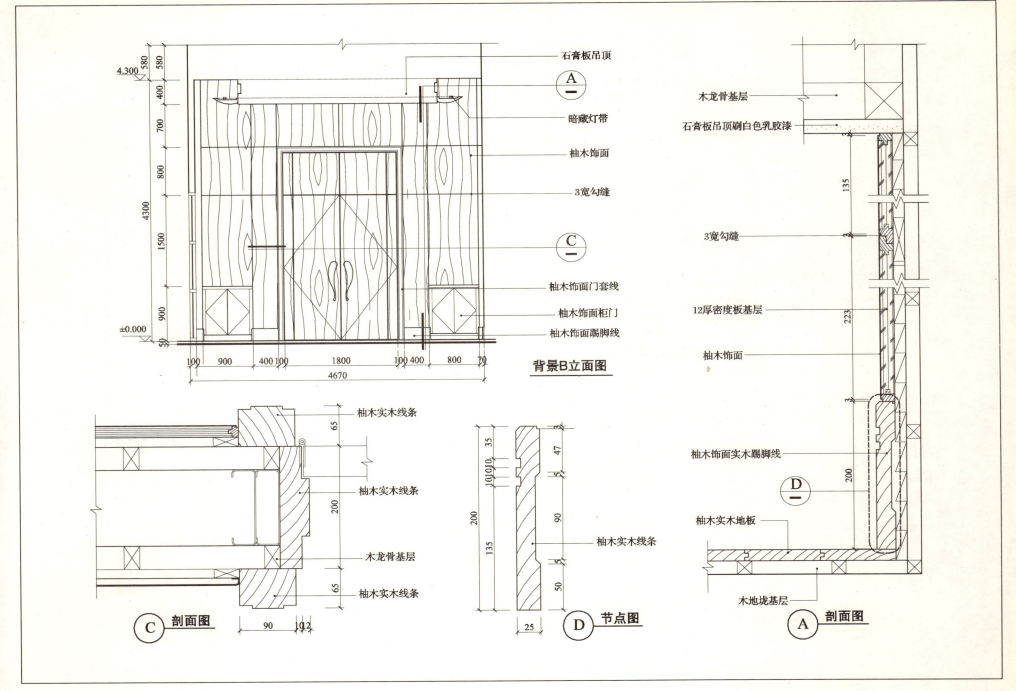

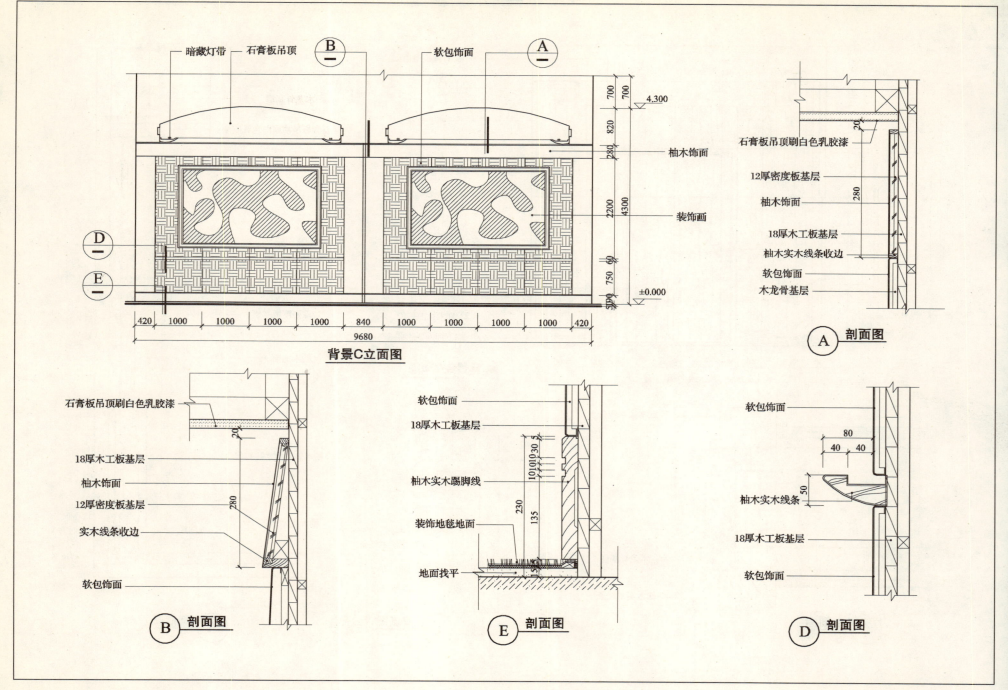

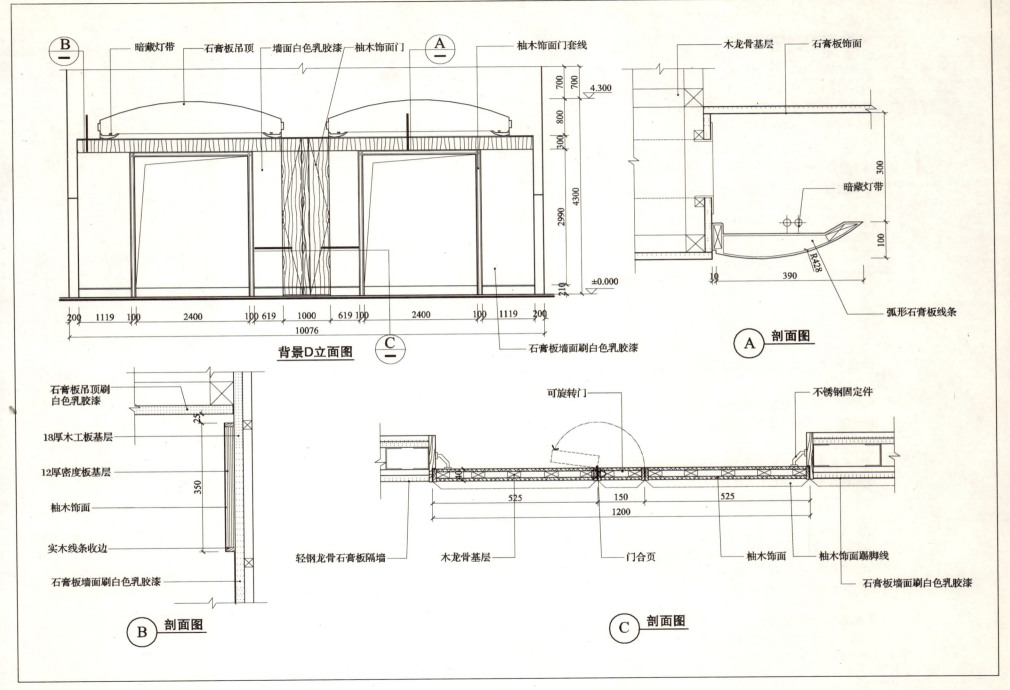

图书在版编目（CIP）数据

公共建筑装饰设计实例图集. 3（上）/东华大学环境艺术设计研究院；鲍诗度，王淮梁，李学义主编. —北京：中国建筑工业出版社，2007
ISBN 978-7-112-09747-0

Ⅰ. 公… Ⅱ. ①东…②鲍…③王…④李… Ⅲ. 公共建筑–建筑装饰–建筑设计–图集 Ⅳ. TU242-64

中国版本图书馆 CIP 数据核字（2007）第 175697 号

责任编辑：杨　军
责任设计：崔兰萍
责任校对：刘　钰　兰曼利

公共建筑装饰设计实例图集
　　　　　3（上）
东华大学环境艺术设计研究院
鲍诗度　王淮梁　李学义　主编
*
中国建筑工业出版社出版、发行（北京西郊百万庄）
各地新华书店、建筑书店经销
北京中科印刷有限公司印刷
*
开本：880×1230 毫米　横 1/16　印张：14¾　插页：8　字数：465 千字
2008 年 4 月第一版　2008 年 4 月第一次印刷
印数：1—2500 册　　定价：**68.00 元**
ISBN 978-7-112-09747-0
　　　（16411）

版权所有　翻印必究
如有印装质量问题，可寄本社退换
（邮政编码　100037）